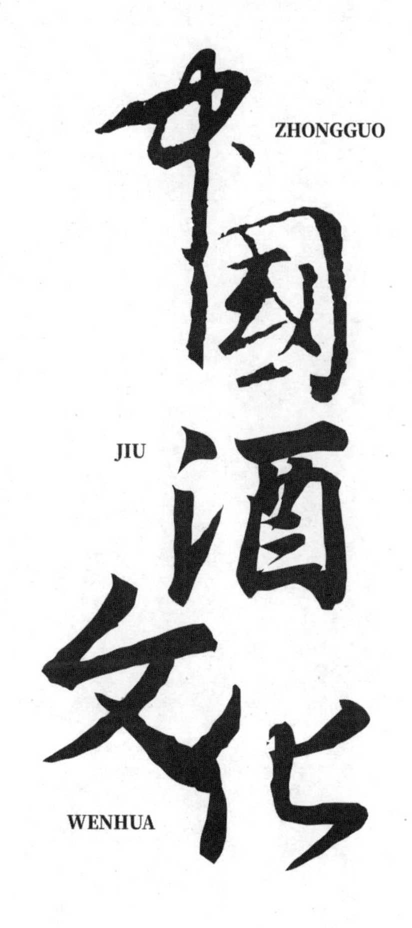

胡小伟 著

典藏版

中国国际广播出版社

酒与共情
（代序）

当年，听胡泊说正将其父胡小伟先生所写有关国人饮酒的文章汇集成册，便要来电子文本篇章以求先睹。尚未读完已觉有趣。一日晚，与诸学生聚餐兼论学问及社会调查要领，小酌助言。谈锋所及，说到小伟的书。正值此时，接胡泊短信，所言何事现已记不得了。只记得当时我回信言，正在和学生谈小伟之酒论著，此书应为社会学学生必读。大概是这短信引来了小伟要我作序这件令我有些不知所措的事。小伟是较我年长的朋友，我们从事的专业领域也不相同。他本专攻古典文学，我则从事经济社会学的教学和研究，业务原不相关。由此想来，我来为他的作品写序实在不合规范。

但小伟之不拘一格的研究性格使我们在专业方面出现一个交集。若干年来，小伟专注于“关公”研究，他不仅从经典史书、文学作品、碑刻、地方志、庙宇等方面搜集、占有了大量资料，而且从社会史、社会变迁中的社会规范、社会整合和国家建设的角度对“关公”现象进行了独到的研究。他已出版的五卷本《关公信仰研究系列》、两卷本《关公崇拜溯源》，在我看来是中国社会信仰研究方面的里程碑式的著作。由于他的研究工作对于理解中国社会十分重要，因此我曾邀请他为北大社会学系的师生作讲演，引起积极反响。既然在研究上有相通，也算是同行之人，以这样的身份写篇短文作序，想来也就不算太离谱了。于是，便把写序的事应承下来。

我言社会学者要读酒书，并非醉话。从最肤浅的工作应对角度着眼，饮酒这件事，对当今中国从事社会学和人类学调查研究的人来说，常常是难避免的。但这种难避免，并不是如某些诗人、艺术家那样要靠酒来激发创作灵感，而是社会交往使然。诗人和艺术家的激发灵感活动，可以在孤独的个人和酒之间完成。李太白月下独酌，便是一例。但这不是酒对社会学者工作的意义所在。社会学者举杯邀月，长风送雁，酣畅高楼，如无人际交往相随，并不能得到什么社会知识。对社会学者的调查工作而言有意义的是会饮。社会调查事，半若走江湖。跑到人家那里，想了解和理解人家的社会生活，入乡随俗是必需的本领。即使对人家的规俗不喜欢，也要有身在江湖身不由己的精神。人家邀你喝酒，除非身体对酒精有特别的不良反应，拒绝是不合适的。特别是对方把你的对应态度作为与你交往距离感的测度时，拒绝更是调查工作中的大忌。而且，与调查对象会饮过程本身就是学习和研究的过程。

这种仅从社会学调查工作的角度对酒的理解，显然与小伟这本考察酒文化的书不相匹配。伴随进一步的思考，感到有诸多问题迎面而来，有趣但处理费时，恐出版社不能久等。于是，我打退堂鼓了，并得到小伟的谅解。《中国酒文化》出版之后，小伟送我一本。

2013 年末，小伟突然病倒。2014 年初，小伟不幸离世。这对我来说，不仅有失友之痛，且前诺未圆始终为遗憾。今年，胡泊告诉我，该书要重版，邀我作序。这使我有了一个完诺故友的机会。

借写这篇序言的机会，我想从共情的角度，简要探讨酒对社会学研究的意义。

1. 作为共情媒介的酒

人作为社会性动物的一个基本特征是具有共情能力。日常的观察和实验心理学研究都肯定了这点。而且，人不仅有共情能力，还有共情需要。满足共情的需要离不开一定的媒介。酒就是满足共情需要的媒介之一。

满足共情需要的媒介多种多样。概略分之，可得两类。一类是个人的人力资源在特定情境中的运用直接构成的共情媒介。如交谈的语言、歌声、舞姿等，就属于这一类。另一类是具有与人力资源相独立的物的形态的共情媒介。人们共同欣赏的自然景观、书籍、影视节目以及我们在这里谈论的酒，都属于这一类。当然，这些“物”并不是在任何场景下都构成共情媒介。在“饮食合欢”中的酒是共情媒介，而独酌独饮中的酒就不是。

酒作为共情媒介，特别是在“饮食合欢”中作为共情媒介，具有某些与其他媒介相比突出的特点。一是参与者的进入门槛低。虽然人的酒量有大小，但开饮并无难度。有的共情媒介需要一定的技巧才能参与，如唱歌、跳舞，而饮酒不需要；有的共情媒介需要一定的知识积累方能利用，如书籍、棋类，饮酒不需要；有的共情媒介受到广泛的道德、法律约束，酒虽然在某些社会群体中是被禁止的，但在许多社会中并不在道德和法律上加以禁止；这些都是影响参与门槛高低的因素。二是酒作为物态的共情媒介，会引发非物态共情媒介的介入，饮酒提高交谈热度，就是一例。

2. 饮酒与共情信号

由于酒在社会生活中扮演着共情媒介的角色，因此饮酒状态也常常成为一个人的共情意愿、共情能力、共情偏好、共情活动的历史积淀的信号。斯宾斯的信号理论指出，在信息不对称的条件下，信息缺乏方用激励寻找一些信号来帮助自己做出判断。人们在彼此缺乏了解的社会交往中，有时也需要，或下意识地依靠一些信号来对对方的共情特征做出判断。对方的饮酒状态是信号之一。当然，通常只有在对方生活的社会没有饮酒禁忌的条件下，这一信号才有意义。

信号只是人们相互了解的一个间接手段，它能提供一些可交流信息，但并不能完全消除信息不对称。依据信号发生误判是常有的，将饮酒状态作为共情信号也是这样。

3. 从共情信号到道德信号

亚当·斯密在《道德情操论》中曾提出一个命题，即共情是道德的基础。这是一个重要而有趣的命题。这个命题（当然是在经过严格论证的条件下）有助于我们理解一个被有些人视为糙陋的江湖观点：一个人是否愿意克服饮酒带来的不适而与伙伴共饮，是其够不够朋友的标志。如果我们意识到，在这个群体中，人们共情地理解到，每个人的生存都有赖于某个时刻的他人牺牲；如果我们看到“够不够朋友”

中包含着一套群体道德规范——这里不讨论小群体遵循这套道德规范在更大范围的社会中是否合乎道德这一问题，而这套规范中要求每个人在必要的时候都能够牺牲自身的利益来助于他人；那么我们就会理解，这个江湖观点是有其一定逻辑的。在这里，作为共情信号的饮酒状态，在一定程度上成为道德信号。

当然，这个信号并不是在任何条件下都是有效的。它通常存在于面临共同风险的群体中。在变化的条件下，人们的共情理解就会有另外的内容。比如，如果你不愿意在饮食中不适，那也不要要求别人在饮食中不适，这也是一种共情理解。建立在这种共情基础上的道德将是让人们各得其所。此时，饮酒状态可能成为共情信号，但不能成为道德信号。

4. 酒与社区（共同体）

社区（共同体）是社会学中的一个重要概念。在社区（共同体）理论的开创者滕尼斯那里，社区意味着人们之间相互肯定的关系，这样的关系包含着人们之间的相互扶持、相互慰藉、相互履行义务。韦伯的社区概念较滕尼斯有所放松，包含了更复杂的内容，但相互认可仍是其中的必要组成部分。从社区概念中可知，被人们确认的共情是社区（共同体）形成的必要条件。

每一个社区都有被其成员认同的共情媒介。在不同的社区中，认同的共情媒介可能不同，它们和社区的性质有关。可以观察到，在不少社区中，酒是通用性较高的共情媒介之一。当酒这种共情媒介和社区的信仰、崇拜、仪式等特有活动结合在一起的时候，它又有了特殊意义。

如果我们越出古典文献考据而将“礼”的研究放置在现实生活中，如果我们将观察的单位定位在社区（共同体），那么，从酒作为社区共情媒介这个角度，也许可以对酒何以入“礼”做出一些新的理解。

5. 酒与关系合约

在当代经济社会学的经验研究中，观察到许多把酒与经济合约缔结活动联系在一起的场景。如何理解这一场景？除了酒已经成为仪式活动中的一个必有要素的解释之外，还有什么值得关注的社会学视角？

一个视角和关系合约有关。关系合约是经济社会学研究中的一个重要概念，它指的是将人际关系与正规的交易合约结合在一起的一种合约形式。当交易涉及一些复杂的情况和不确定性因素的影响，致使完全的正规合约缔结和实施或不可能或交易成本过高时，关系合约对于维持交易秩序就具有与其他合约形式相比的相对优势。正因为此，关系合约在经营活动中有着重要的地位。

人们之间成为关系人，是指他们之间有着一种长期的责任关系，这种责任关系是在多次互动中生成、积淀的。前面讲到，酒可以成为共情媒介，可以成为共情意愿、共情能力等的信号，而共情中的多次互动恰有助于促进人际关系的形成。这有助于理解为什么经营活动中常常伴随着饮酒活动。对于关系合约的缔结、实施而言，饮食合欢是一种促进机制。在饮酒成为仪式的条件下更是如此。

6. 酒与机会主义行为

在对酒与经营活动的关系进行经济社会学分析时，有必要将饮酒对关系合约形成的促进，与对酒的一种恶意的、机会主义的利用区分开。在酒桌上的谈判中，利用对方饮酒后的不清醒或一时情绪，形成对自己有利却有损于对方的交易合约，这不是关系合约，而是机会主义行为。由此来看，酒也可能成为引发矛盾、冲突的介质。它在人际交往中，既可能发挥正功能，也可能具有负功能。

7. 融入式田野调查与酒

田野调查是社会学研究的基本方法之一。融入式田野调查的理想状态是调查者高度融入被调查群体，成为他们中的一员，以至于被调查群体成员意识不到有调查者在他们中间；次之的状态是调查者成为准社区的一员，这种“准”身份意味着，被调查群体成员经常意识到调查者的特殊身份，但仍然接纳他/她。对调查者来说，融入式田野调查的基本要求是“入乡随俗”，即遵循被调查群体的规范；更进一步的要求则是理解乃至解释这些规范。

当饮酒构成了被调查群体中的一项习俗和文化时，不管调查者爱不爱饮酒，遵其俗是必要的（在因身体原因不能饮酒时，使对方理解也是必要的）。许多社会学者在田野调查中都遇到过这种情况，并积累了这方面的经验。如果社会学者不满足于“随俗”，而是想进一步理解它们，那么现实世界中的酒文化就构成了研究对象。也许，他们能够发现比这本《中国酒文化》更丰富的酒文化现象。

以上是在写本序时从社会学角度初步想到的，权当是对小伟当初让我这位不同行者写序的回应吧。

小伟的《中国酒文化》第一版面世后，曾与他小酌过几杯。第二版面世时，再无此机会了，但斯人声貌在我心中。谨以此序献给这位年长的朋友。

原北京大学社会学系副主任

刘世定

目 录

导言

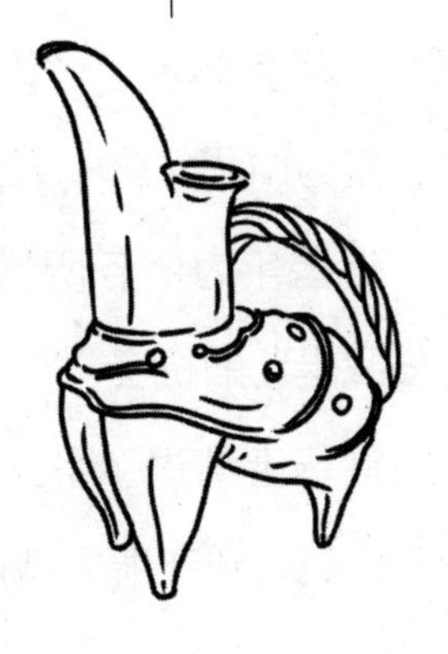

在《水浒传》“武松醉打蒋门神”一回中，有一处叫“快活林”的地方，酒店门上有一副对联，上联为“醉里乾坤大”，下联是“壶中日月长”。“大”是空间，“长”是时间，标志着人类生存的四维空间。此联正涵盖了中国数千年来的酒文化。

中国酒文化是群体文化，讲究“饮食合欢”“酒以成礼”。繁体字的“禮”，上面是“曲”，即酿酒原料；下面是“豆”，即酿酒容器。礼从酒出，无酒不成礼，可见酒在礼仪中的重要性。而西方酒文化是个体文化，常见独饮。而且，中国酒文化独有的“酒令”能够调节气氛，既完美体现了“饮食合欢”的主旨，又可同时随机分配饮酒量度，实为中华文化一大创造，值得总结。

近些年为俗务所扰，夸大一点儿的说法，是有了一些“祖国大地任我走”的机会。东走西逛，南来北往，看到不少山川名胜，同时也在酒场上结识了各路英豪。既见识过少数民族朋友饮虹汲虬的海量，也领略到江浙人品黄酒就茴香豆的温雅；既佩服哈尔滨人饮酒的豪爽，亦困惑于中州（**河南的古称**）人变着方儿劝酒的机智。此外，还略知台湾地区友人的豪情，见识东土西洋的狂饮，并会过当今文艺界几位著名的“酒仙”。相形之下，粤港方式的“随意”和三两知交的小酌，就温柔或者温馨得多了。

酒与人类的精神物质生活结下了不解之缘，大至节假日的普天同庆，小至亲朋相聚，恐怕都免不了每天要和酒打打交道。尤其是在酒文化发达的中国，不管是送往迎来，生辰寿诞，婚丧嫁娶，生意谈判，亦或四时节令，团聚会餐，检查工作，订约会签，还是庆功贺喜，讲和道歉，密约幽会，家宴国宴……人际交往的任何活动，饮食都是中心议程之一，天下也因此成了不散的筵席。

一杯小酒，浓缩的历史文化是如此之醇厚，显现的世界是如此之陆离。我们得相信“醉里乾坤大”，因为围绕着酒和饮酒的问题是如此之多且深，可聊的话题是如此之广而泛，它实际上关系着中国文明与蛮荒的分野。这并非故作惊人之语，且待细细道来。

第一章 酒之源

在中华民族悠久历史的长河中，很多事物都走在世界的前列，酒也是一样，有着它自身的光辉篇章。关于酒的起源，历来众说纷纭。不过，人们普遍认同的有猿猴造酒、仪狄造酒、杜康造酒三种。

一、猿猴造酒

猿猴以采集野果为生，且有善于藏果的特性。而在自然界中，果实的生长有着严格的季节性，故常要有所储存。洪荒时代的古猿将一时吃不完的果实藏于岩洞、石洼中，久而久之，果实腐烂，含有糖分的野果通过自然界的野生酵母菌自然发酵而生成酒精、酒浆，因而有了“猿猴善采百花酿酒”“尝于石岩深处得猿酒”等传说。

这在我国的许多典籍中都有记载。明代文人李日华的《蓬栊夜话》、《紫桃轩又缀》都提到黄山猿猴造酒的故事。李日华写道：

黄山多猿猱，春夏采杂花果于石洼中，酝酿成酒，香气溢发，闻数百步。野樵深入者或得偷饮之，不可多，多即减酒痕，觉之，众猱伺得人，必嬲（niǎo）死之。

无独有偶，清代文人李调元在《粤东笔记》、陆祚蕃在《粤西偶记》中都记叙过两广猿猴造酒的故事。李调元写道：

琼州（今海南）多猿……尝于石岩深处得猿酒，盖猿以稻米杂百花所造，一石穴辄有五六升许，味最辣，然极难得。

陆祚蕃写道：

粤西平乐等府，山中多猿，善采百花酿酒。樵子入山，得其巢穴者，其酒多至数百石。饮之，香美异常，名曰猿酒。

猿猴不仅会“造酒”，而且还嗜酒。唐人李肇所撰《唐国史补》，对人类如何捕捉聪明伶俐的猿猴，有一段极精彩的记载：

猩猩者好酒与屐，人有取之者，置二物以诱之。猩猩始见，必大骂曰：“诱我也！”乃绝走远去，久而复来，稍稍相劝，俄顷俱醉，其足皆绊于屐，因遂获之。

猿猴是十分机敏的动物，它们居于深山野林中，在巉岩林木间跳跃攀缘，出没无常，很难活捉到它们。人们经过细致观察后，发现并掌握了猿猴的一个致命弱点，那就是“好酒”。动画片《猴子捞月》就生动地表现了这个过程。人们在猴子出没的地方，摆几缸香甜浓郁的美酒。猴子闻香而至，先是在酒缸前踌躇不前，接着便小心翼翼地用指蘸酒吮尝。时间一久，没有发现什么可疑之处，终于经受不住香甜美酒的诱惑，开怀畅饮起来，直到酩酊大醉，乖乖地被人捉住。这种捕捉猿猴的方法并非我国独有，东南亚一带的群众和非洲的土著民族捕捉猿猴或大猩猩，也都采用类似的方法。这说明猿猴是经常和酒联系在一起的。

这些不同时代、不同作者的记载，起码可以证明这样的事实，即在猿猴的聚居处，多有类似“酒”的东西发现。至于这种类似“酒”的东西是怎样产生的，是纯属生物学适应的本能性活动，还是猿猴有意识、有计划的生产活动，那倒是值得研究的。要解释这种现象，还得从酒的生成原理说起。

酒是一种发酵食品，是由一种叫酵母菌的微生物分解糖类产生的。酵母菌是一种分布极其广泛的菌类，在广袤的大自然原野中，尤其在一些含糖分较高的水果中，这种酵母菌更容易繁衍滋生。含糖的水果是猿猴的重要食品。当成熟的野果坠落下来后，由于受到果皮上或空气中酵母菌的作用而生成酒，是一种自然现象。日常生活中，在腐烂的水果摊位甚至垃圾堆附近，也能常常嗅到由于水果腐烂而散发出来的阵阵酒味儿。猿猴在水果成熟的季节，贮存大量水果于“石洼中”，堆积的水果受自然界中酵母菌的作用而发酵，在石洼中将“酒”的液体析出。这样的结果，并未影响水果的食用，而且析出的液体——“酒”，还有一种特别的香味供享用。猿猴居然能在不自觉中“造”出酒，这是既合乎逻辑又合乎情理的事情。当然，猿猴从最初尝到发酵的野果到“酝酿成酒”，是一个漫长的过程。究竟漫长到多少年，那就是谁也无法说清楚的事情了。

兽面纹爵　商晚期

通过考古发掘，在三四千年前的商代青铜器中已发现盛有酒。通过对我国原始文化遗址的发掘，可以更清楚地知道，无论是早期的仰韶文化，还是随后的龙山文化和良渚文化时期，都发现了盛酒用的陶器，有的还十分精致，在这同时还出土了酿酒用的酒缸。这说明远在仪狄、杜康时代以前，我国已有了酒。而传说中的造酒始祖仪狄或杜康，则可能是在前人的基础上进一步改进了酿酒的工艺，提高了酒的醇度，使之更加甘美浓烈，从而使原始的酿酒逐步演变成了人类有意识、有目的的酿造活动，更成了一种自觉的生产行为。

应该说，远古时代的酒，是食品在大自然中经自然“酒化”而成的。众所周知，酒必须是含有酒精的饮料。而食物中的糖分，像麦芽糖、葡萄糖等，经过自然界中酵母菌的发酵就会生成酒精。那些含有丰富糖分的野生果实，在酵母菌的作用下，通过自然发酵而产生酒精，也就成了“酒”。此种自然成酒的现象在人们的日常生活中是屡见不鲜的。南宋周密《癸辛杂识》专有谈“梨酒”的条目，就是一个例证。

随着人类社会从原始社会进入农业社会，人们的主要食物也变成了谷物，于是又出现了谷物酒。而在谷物酒的酿造中，因谷物不能直接与酵母菌发生作用而生成酒精，故谷物中的淀粉必须先经过水解，转化成葡萄糖后再发酵成酒精，即先糖化，后发酵，再酒化的过程。天长地久，大自然中野果、谷物的自然酒化现象，经过人们的长期观察总结，终于使酿酒逐步变成了人类自觉、有意识的生产行为。

黄陶鬶　龙山文化

二、仪狄造酒

仪狄造酒是最通行的说法，始载于西汉刘向编订的《战国策·魏策》曰：

梁王魏婴觞诸侯于范台。酒酣，请鲁君举觞。鲁君兴，避席择言曰："昔者，帝女令仪狄作酒而美，进之禹，禹饮而甘之，遂疏仪狄，绝旨酒，曰：'后世必有以酒亡其国者。'齐桓公夜半不嗛，易牙乃煎熬燔炙，和调五味而进之，桓公食之而饱，至旦不觉，曰：'后世必有以味亡其国者。'晋文公得南之威，三日不听朝，遂推南之威而远之，曰：'后世必有以色亡其国者。'楚王登强台而望崩山，左江而右湖，以临彷徨，其乐忘死，遂盟强台而弗登，曰：'后世必有以高台陂池亡其国者。'今主君之尊，仪狄之酒也；主君之味，易牙之调也；左白台而右闾须，南威之美也；前夹林而后兰台，强台之乐也。有一于此，足以亡其国。今主君兼此四者，可无戒与！"梁王称善相属。

梁王魏嬰觴諸侯於苑臺酒酣請魯君舉觴魯君興避席擇言曰昔者帝女令儀狄作酒而美進之禹禹飲而甘之遂疏儀狄絕旨酒曰後世必有以酒亡其國者齊桓公夜半不嗛易牙乃煎熬燔炙和調五味而進

《战国策·魏策》

这是一段鲁共公姬奋对魏惠王魏婴的劝谏。当时魏国强盛，鲁、宋、卫、韩国君来朝。梁王在苑台（**注本多作范台，又名“繁台”，遗迹在今开封**）宴请各国诸侯。酒兴正浓的时候，主人向客人敬酒。鲁共公站起身，离开自己的座席，正色道：“从前，舜的女儿仪狄擅长酿酒，酒味醇美。仪狄把酒献给了禹，禹喝了之后也觉得味道醇美。但因此就疏远了仪狄，戒绝了美酒，并且说道：‘后代一定有因为美酒而使国家灭亡的。’齐桓公有一天夜里觉得肚子饿，想吃东西。易牙就煎熬烧烤，做出美味可口的菜肴给他送上，齐桓公吃得很饱，一觉睡到天亮还不醒，醒了以后说：‘后代一定有因贪美味而使国家灭亡的。’晋文公得到了美女南之威，三天没有上朝理政，于是就把南之威打发走了，说道：‘后代一定有因为贪恋美色而使国家灭亡的。’楚灵王登上强台远望崩山，左边是长江，右边是大湖，登临徘徊，唯觉山水之乐而忘记人之将死，于是发誓不再游山玩水。后来他说：‘后代一定有因为修高台、山坡、美池，而致使国家灭亡的。’现在您酒杯里盛的好似仪狄酿的美酒；桌上放的是易牙烹调出来的美味佳肴；您左边的白台，右边的闾须，都是南之威一样的美女；您前边有夹林，后边有兰台，都是强台一样的处所。这四者中占有一种，就足以使国家灭亡，可是现在您兼而有之，能不警戒吗？”梁王听后，连连称赞谏言非常好。

值得注意的是，这里既是对酒之创始者的最早记述，又是对酒之诱惑力及禁酒行为的最早记述。酒，这种神奇的液体，让人类永远自相矛盾。

另外，秦汉间人辑录古代帝王公卿谱系的《世本》对此也有记载。该书原本已佚，现存清人辑佚本。该书的记载也并不可靠，其中说：“仪狄始作酒醪，变五味；少康作秫酒。”此后，三国蜀汉学者谯周所著《古史考》也说：“古有醴酪，禹时仪狄作酒。”

大禹是中国圣贤系列中领先的几位人物之一，以治黄河水患闻名。照说他工作那么辛苦，三过家门而不入，臣下关怀，发明点新鲜饮料慰劳解乏，也是献“忠心”一种具体而微的方式，后世领导尤为体谅理解。当然，大禹也非木石，“尝之而美”，可见孟夫子的“口之于味，有同嗜焉”，也算是“后见之明”吧。但问题就出在，他喝着好了，却没有对发明人加以表扬奖励，反而疏远了他（她）。推测起来，不外乎是造酒耗糜粮食，而在“上三代”生产力水平低下的

大禹画像

时期，大禹关心的是老百姓的温饱问题。酒“尝之而美”，则容易导致“上有所好，下必甚焉”，群起而效尤。一旦用乘法计算起来，所靡费的粮食就不得了。加之喝酒上了瘾可以乱性，行事理政，就与“贤明”与否无干了。所以后来夏商周三代的嗜酒之君，就成了“昏君”“暴君”的象征。如夏桀造“酒池可以运船，糟堤可以望十里”，如商纣“为酒池，回船糟丘而牛饮者三千余人为辈”（《史记·殷本纪》注），造“肉林”以资“长夜之饮”，“令男女裸而相逐其间，是为醉乐”（《论衡·语增》），都是造反者“吊民伐罪”时义正词严的好题目。

古书上关于酒的记载，矛盾之处很多。旧题西汉时孔子八世孙孔鲋著的《孔丛子》记有战国时赵国平原君赵胜劝酒的故事：

平原君好士，食客尝数千人。孔子之玄孙子高穿自鲁适赵，平原君与饮，强之酒，曰：“昔有遗谚：‘尧舜千钟，孔子百觚，子路嗑嗑，尚饮十榼’，古之圣贤无不能饮，吾子何辞？”子高曰：“穿闻贤圣以道德兼人，未闻以饮。”平原君曰：“即如先生言，则此言何生？”子高曰：“生于嗜酒者。盖其劝励采戏之辞，非实然也。”平原君欣然曰：“吾弗戏子，无所闻此雅言也。”

四川汉画像石——酿酒图

帝尧和帝舜都是大禹以前的人，比仪狄还要早，可见仪狄之前就有酒了。至于最晚编成于西汉初年的《神农本草》已经载有酒的性味，如果相信此说，那么远在传说中的神农氏时代就已经有酒了。用粮食酿酒是件程序、工艺都很复杂的事，单凭个人力量是难以完成的。仪狄再有能耐，发明造酒，似不大可能。如果说，作为一位善酿美酒的匠人、大师，或是监督酿酒的官员，总结了前人的经验，完善了酿造方法，终于酿出质地优良的酒醪，这还是有可能的。郭沫若提出“相传禹臣仪狄开始造酒，这是指比原始社会时代的酒更甘美浓烈的旨酒”的说法似乎更可信。

三、杜康造酒

另一种说法是杜康造酒，除了一些文人这样说以外，这种说法在民间特别流行，原因是旧时代的训蒙读本、唱本、宝卷、劝善书之类大都是这样说的。杜康造酒的说法主要是曹操的乐府诗《短歌行》提到“何以解忧？唯有杜康”而流行。在这里，杜康是酒的代名词，因此人们把姓杜名康的这个人当作酿酒的祖师。现代还有不少注释这首诗的人把杜康注释为最早酿酒者。

陕西白水县康家卫村有杜康沟、杜康泉、杜康河和杜康墓、杜康庙，当地流传着杜康造酒的传说。据说杜康是黄帝手下的一位大臣。当时，经过神农氏尝百草、辨五谷，人们开始耕地种粮食。杜康受命管理生产和保存粮食，很负责任。土地肥沃，风调雨顺，连年丰收，粮食越打越多，但是由于没有仓库和科学的保管方法，丰收的粮食堆在山洞里，时间一长，全都因潮湿而霉坏了。黄帝知道这件事后，非常生气，令杜康专职负责粮食保管，如有霉坏，从重处罚。杜康由一个负责粮食生产的大臣一下子降为粮库保管，心里十分难过。但他又想到嫘祖、风后、仓颉等臣都有所发明创造，并立下大功。嫘祖发明缫丝纺织，风后发明指南车，仓颉发明文字。唯独自己没有什么功劳，还犯了罪。想到这里，他的怒气全消了，并且暗自下决心：非把粮食保管这件事做好不可。

此后，杜康在森林里发现了一片开阔地，周围有几棵大树枯死了，只剩下粗大的树干，里边已空了。杜康灵机一动，他想，如果把粮食装在树洞里，也许就不会霉坏了。于是，他把树林里枯死的大树，都一一进行了掏空处理。不几天，就把打下的粮食全部装进树洞里了。谁知，两年以后，装在树洞里的粮食，经过风吹日晒，雨淋，慢慢地发酵了。一天，杜康上山察看粮食时，突然发现一棵装有粮食的枯树周围躺着几只山羊、野猪和兔子。开始他以为这些野兽都是死的，走近一看，发现它们还活着，似乎都在睡大觉。杜康一时弄不清是啥原因，还在纳闷，一头野猪醒了过来。它一见来人，马上窜进树林里去了。紧接着，山羊、兔子也醒来逃走了。杜康上山时没带弓箭，所以也没有追赶。他正准备往回走，又发现两只山羊在装着粮食的树洞跟前低头用舌头舔着什么。杜康连忙躲到一棵大树背后观察，只见两只山羊舔了一会儿，就摇摇晃晃起来，走不远就躺倒在地上了。杜康飞快地跑过去把两只山羊捆起来，然后详细察看山羊刚才用舌头舔过的地方。不看则罢，一看可把杜康吓了一跳。原来装粮食的树洞，已裂开一条缝，里面的水不断往外渗出，山羊、野猪和兔子就是舔了这种水才倒在地上的。杜康用鼻子闻了一下，渗出来的水特别清香，自己不由得也尝了一口。味道虽然有些辛辣，但却特别醇美。他越尝越想尝，最后一连喝了几口。这一喝不要紧，霎时，只觉得天旋地转，刚向前走了两步，便身不由己地倒在地上昏昏沉沉地睡着了。

醒来后，杜康将树洞里渗出来的这种味道浓香的水盛了半罐，去见黄帝。黄帝听完报告，仔细品尝了杜康带来的味道浓香的水，立刻与大臣们商议此事。大臣们一致认为这是粮食中的一种元气，并非毒水。黄帝没有责备杜康，命他继续观察，仔细琢磨其中的道理。又命仓颉给这种香味很浓的水取个名字。仓颉随口道："此水味香而醇，饮而得神。"说完便造了一个"酒"字。黄帝和大臣们都认为这个名字取得好。

但是，稍有点古文化知识的人都知道，杜这个姓是周朝才有的。《通志·氏族》载："杜氏，亦曰唐杜氏，祁姓，帝尧之后，建国于刘，为陶唐氏，裔孙刘累以能扰龙事孔甲，故在夏为御龙氏，在商为豕韦氏，在周为唐杜氏。成王灭唐，而封叔虞，乃迁唐氏于杜，是为杜伯。……"陶唐氏，可能是做陶的；御龙氏，据说是养龙的；豕韦氏，看来是养猪的，豕即猪。周武王灭纣建立周王朝，此时唐杜氏仍为一个独立的小国。武王之子成王把弟弟封在唐，于是把唐杜国取消，唐杜氏迁走。周宣王时，唐杜氏后代做官，称杜伯，为周宣王所诛，子孙逃亡至晋国，才以封地杜为姓。因此，如果存在杜康这样一个人，应该是春秋时代人，最早不会在周朝以前。而确凿的历史记载，在周以前老早就有酒了，例如，有名的夏桀王和殷纣王，古书上都说他们有糟丘酒池；而甲骨文、金文里也已经有了"酒"字。

研究"酒"的学者认为，杜康可能是周秦间一个著名的酿酒家。一提起杜康，人们就知道是讲酒。写过《酒谱》一书的宋朝人窦革就是这样推论的。这个推论大致可信。假使今天有一个诗人写道："何以解忧？唯有茅台。"人们也会懂得是借酒消愁之意，绝不可以也不会把茅台当作酒的发明地或发明人。而在仪狄或杜康造酒说中，人们认为酒是大禹时代的仪狄和周代的杜康所造，故有“仪狄始作酒醪”“少康作秫酒”之说。

还有传说称，杜康常把吃不完的剩饭倒在中空的桑树洞中，日久树洞中便散发出一股浓郁的芬芳香味，杜康由此受到启发，根据此原理酿出了酒。西晋江统所著《酒诰》写道：

> 酒之所兴，肇自上皇；或云仪狄，一曰杜康。有饭不尽，委之空桑，积郁成味，久蓄气芳，本出于此，不由奇方。

四、古史与酒

中国文化是一种慕古文化，世界上没有一个民族像中华民族这样看重历史，把祖先的事迹有意识地保留下来。从先秦的编年史《春秋》起，汉代司马迁有上溯至黄帝以迄汉武帝时代的《史记》，此后每个朝代都有正史，记载着政治、经济、文化、风俗的变化改革，也记载天文地理、礼乐制度、科学技术的重大事件。既然很早中国就有了酒，那么酒的发明应该记在《史记》的《五帝本纪》或《夏本纪》中，但《史记》的这些时代的史事中没有发明酒的记录。后来的史书和各种典籍中关于第一个造酒者的记载，都是根据并不可靠的古代文献而来的。

大汶口文化陶器上“酒”字

中国现存的先秦古书中，不提到酒的书是很少的。中国最早的文字甲骨文和金文（铭刻在铜器上）都有“酒”字。古文字简单，“酒”字作“酉”，写法都像是一个陶罐的模样。再往前推，西安半坡村遗址所发掘出来的距今七千年左右的陶器中，就有像甲骨文和金文中的“酉”字形状的罐子；至于距今四千年前的山东大汶口遗址的发掘中，已有大量的樽、豆、杯等盛酒的陶器，证明那时饮酒已相当普遍和讲究，酒文化的发展已有了相当水平。

春秋时代，从科技史和民俗学的角度而言，是一个酿酒与饮酒同趋大盛的时代。人们不仅运用“自然发酵”酿酒，而且发明了曲蘖酿酒，相当普遍地掌握了“固态发酵法”与“复式发酵法”酿酒。《尚书・说命》记载殷王武丁与大臣的对话：“若作酒醴，尔惟曲蘖。”曲是酒母，又叫酒曲；蘖是麦芽、谷芽之类的糖化发酵剂。曲酿法和蘖酿法都是“固态发酵法”，但曲酿法克服了蘖酿法糖化高、酒化低的缺点，并使糖化、酒化两种步骤同时进行，相互催化，提高了酿酒质量，缩短了酿酒过程，因而称为“复式发酵法”。这是科技史上的一大进步，也可以说是四大发明之外，中国古代的一项伟大发明，比欧洲人领先了一千多年。

传统酿造——发酵

春秋时代，有一个“鲁酒薄而邯郸围”的故事。此典本出《庄子·胠箧》，但对它的解释有两种说法。唐人陆德明《经典释文·庄子音义》称：

楚宣王朝诸侯，鲁恭公后到而酒薄，宣王怒。恭公曰：我，周公之后，勋在王室，送酒已失礼，方责

> 其薄，毋乃太甚。遂不辞而还，宣王乃发兵与齐攻鲁。梁惠王常欲击赵而畏楚，楚以鲁为事，故梁得围邯郸。

故事说的是，楚宣王会见诸侯，鲁恭公后到并且酒很淡薄，楚宣王甚怒。恭公说，我是周公之后，勋在王室，给你送酒已经是有失礼节和身份了，你还指责酒薄，不要太过分了。于是不辞而归。宣王于是与齐国一起发兵攻鲁国。梁惠王一直想进攻赵国，但却畏惧楚国会帮助赵国，这次楚国有求，便不必再担心楚国来找麻烦了，于是赵国的邯郸因为鲁国的酒薄不明不白地做了牺牲品。

另据东汉许慎所注西汉刘向《淮南子》，则是另外一种情况：

> 楚会诸侯，鲁赵俱献酒于楚王，鲁酒薄而赵酒厚。楚之主酒吏求酒于赵，赵不与，吏怒，乃以赵厚酒易鲁薄酒奏之。楚王以赵酒薄，故围邯郸也。

无论真相如何，这个典故不仅反映当时的酒已经深入军国政治生活之中，更重要的是，它曲折地透露出春秋时代各国酿酒讲究质量、你追我赶的社会现实。

在西方，古代的酒主要是葡萄酿造的，这从那一带的神话传说就可以看出来。中国古代酿酒原料都是粮食，葡萄直到西汉武帝时代才从西域传入。古书上说“少康作秫酒”，少康是夏朝的第五代君主；

明　宋应星《天工开物》第十七卷“曲蘖”

秫是一种黏性的黍，北方人称为“黄糯”。到了商代又有“黍酒”“稷酒”，都是粮食酒。周朝末年战国时期，屈原的《九歌》里才出现“椒酒”和“桂浆”；汉朝以后才出现了花色繁多的“菊花酒”、“枣酒”和不胜枚举的药酒。这些酒仍然是将花和药配制在粮食酒里酿成的。随着葡萄的传入，大概东汉时西部的凉州（今属甘肃）一带才出现了少量以葡萄酿造的酒。

酿酒用的曲也早已发明。《尚书·禹贡》提到大禹规定的荆州贡品中，有“菁茅”一种，汉代经学家郑玄注道：“菁茅，茅有毛刺者，给宗庙缩酒。”缩酒，就是滤酒去糟粕的意思。有酒浆需要过滤，绝非自然发酵，而是用酒曲酿造的。《禹贡》成书于战国，未必完全可信，但以甲骨文中“酒”字出现之多，周武王鉴于商纣王的因酒亡国而作《酒诰》，可知至迟在殷商时已经大量酿酒，非有酒曲不可了。

因为酿酒要用曲，所以酒又有“曲蘗”的别名。关于古代制曲法，北魏贾思勰著的《齐民要术》中就有记载。

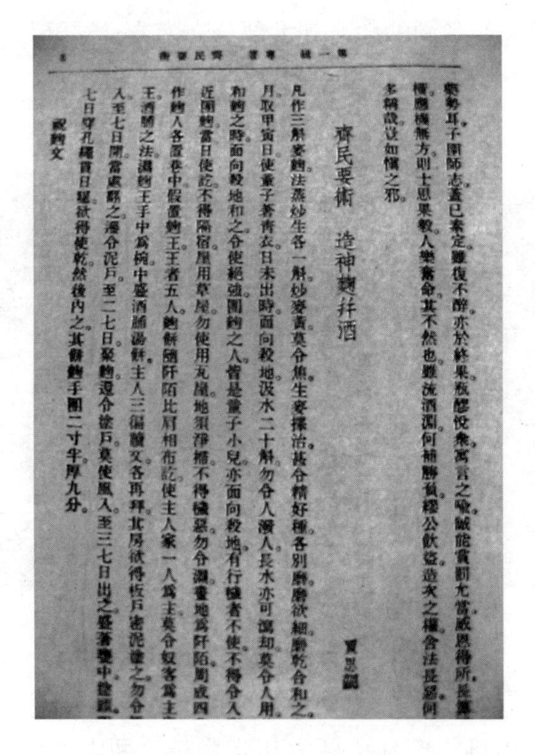

樂勢耳。子閑師志，蓋已秦定。雖復不醉，亦於終果。飯醪悅衆，寓言之喻。誠能賞罰允當，威恩得所，是讓
權應機無方，則士思果毅，人樂奮命。其不然也，雖流酒濁，何補勝負。縲公飲盜，造次之權，合法長器，何
多弱哉。豈如慎之邪。

齊民要術　造神麴并酒　賈思勰

凡作三斛麥麴法：蒸、炒、生，各一斛。炒麥黃，莫令焦。生麥擇治，甚令精好。種各別磨。磨欲細。磨乾，合和之。
月取甲寅日，使童子著青衣，日未出時，面向殺地，汲水二十斛。勿令人潑，人長水亦可瀉却，莫令人用。
和麴之時，面向殺地和之，令使絕強。團麴之人，皆是童子小兒，亦面向殺地。有行穢者不使。不得令人
近。團麴當日使訖，不得隔宿。屋用草屋，勿使用瓦屋。地須淨掃，不得穢惡；勿令濕。畫地爲阡陌，周成四
作麴人，各置巷中，假置麴王，王者五人。麴餅隨阡陌比肩相布。訖，使主人家一人爲主，莫令奴客爲主。
王酒脯之法：濕麴王手中爲碗，碗中盛酒、脯、湯餅。主人三徧讀文，各再拜。其房欲得板戶，密泥塗之，勿令
人至。七日開，當處翻之，還令泥戶。至二七日，聚麴，還令塗戶，莫使風入。至三七日，出之，盛著甕中，塗頭。
七日穿孔，繩貫，日曝，欲得使乾，然後內之。其餅麴，手團二寸半，厚九分。

祝麴文

贾思勰《齐民要术》

现在，杯中之物的队伍更加发展壮大了。就现在的情况看来，酒主要分国酒和洋酒两大类，国酒中又有白酒、啤酒、黄酒、葡萄酒，等等。饮酒本是看个人喜好而定的事情，但是大家似乎有个共识，就是从区域上来分。东北、西北等北方人喜欢喝度数较高、猛烈辛辣的白酒，而江浙一带的南方人更偏向于度数较低、回味悠长的黄酒。黄酒性缓，度数不高，有甜味，故口感适合吃酸甜食的江浙人。易上

口，度数低，多饮又有何妨呢？黄酒可以温、烫，可以在其中加生姜片，或是柠檬片，冬天还可以打个鸡蛋下去，夏天可以加冰或是冰镇，饮用方法比白酒花样多。不过似乎现在活跃在市场上的，还是以白酒为主，但是产名酒的地方却大部分在南方，这又是为什么呢？

沱　河

纵观白酒市场，产地以两湖川贵为最。两湖之地的白酒以普罗大众消费为主，价格适中，品种也丰富；而川贵之地产的白酒身家相对而言高很多。四川历来有“天府之国”“蜀国粮仓”之美称，从地理位置看，一条沱河流经之地，酒香是一路飘来：沱河上游有沱牌曲酒，流到宜宾产出了五粮液，继续向东奔流，到了泸州，酿出泸州老窖，且川中还有剑南春。云贵高原上的国酒茅台，是以高粱和小麦发酵、糅合而成，工艺流程复杂，它是我国大曲酱香型酒的鼻祖，素有“国酒”之称。除却两湖川贵的白酒之外，我国还有其他地方性的白酒也各有千秋，比如江西的四特酒、北京的二锅头、东北的烧刀子、山西的汾酒等，一个地方有一个地方的特产。

日本画报中的民国北平白酒制造过程

第二章 酒之礼

公元前1046年，在渭河流域崛起的周人击败了殷商。商周鼎革，不仅是政权的更迭，而且意味着宗教的改革，文化的更新。周部族兴于周原，以农耕文化为主，非常看重农作，所以周以农业立国，周公旦制礼，也突出了农耕文明的特色。农业文明中春种秋收的自然节律，使周先民懂得了"秩序"的重要；而齐心协力的耕作需要使得周先民选择了群居的生活方式，人们聚族而居，相依为命，就必须非常重视人际关系的和谐。周公旦的礼乐文化设计，奠定了中原文明的基石，孔夫子赞赏"郁郁乎文哉，吾从周"。随着儒家在中国政治方面的主导地位巩固，周公的文化设计形成了中国文化的主流传统。酒，这股据说是商纣王败亡的"祸水"，自然也包括在周文化的设计之内。

酒的诞生和享用，关系到人类文化的一大问题，即中国文明的转型。有人说，"华夏文明的最初阶段，正可以说是一种'酒神阶段'"。这话恐怕只说对了一半。如果我们同意传统史学以"尧舜禹"为"上三代"的说法，代表中华文化的发轫，那么前面曾说到"古者仪狄作酒醪，禹尝之而美，遂疏仪狄”，足证中华文明的起始并未沉湎于酒。如谈的是“夏商周”三代，那么商周之际实际上存在文化转型，恐怕不能以“酒神阶段”一言蔽之。

疑古派曾怀疑禹爷“是一条虫”，所谓尧舜禹“上三代”不过是传说之事，不足为凭。鲁迅《故事新编》写《补天》《理水》，还对疑古派的代表人物及其主张开了点小玩笑。事实上，随着夏、商以至更加古远文明陆续在出土文物中有所发现，已经证明了疑古派的整体失误，中华文明甚至比传说更加源远流长。

夏朝留下的文字还不可考，从甲骨文字看来，殷商民智未开，人神杂糅，可谓“文化混沌”的时代。《礼记·表记》记载：“殷人尊神，率民以事神，先鬼而后礼。”生活社会中事无大小，都以卜蓍为决，如同今天保留着原始习俗的许多民族一样。“卜”是用龟甲兽骨，“蓍”是用蓍草来“占”（预测）某事吉凶祸福的方式。占卜的结果需要记录下来，这就是甲骨文献的由来。殷商时代生产力有较大发展，殷商部族是以工艺和流通业立国，今之所谓“商业”“商人”本是指其周代殷商部族遗民从事的专利，酿酒、饮酒遂成为一时风尚，今存甲骨文卜辞中“酒”字屡屡出现，就是明证。

那时的酒，确也是“一方面供祖先神祇享用，一方面也可能是供巫师饮用以达到通神的精神状态。”（张光直《商代的巫与巫术》）正因如此，后人认为殷商时代既是迷信天命的时代，又是醉生梦死的朝代。文献上也说不仅商王“惟荒腼于酒”，而且臣民也“庶群自酒”，以致腥气传到天上，而末世尤烈，“故天降丧于殷”（《尚书·酒诰》）。

一、《酒诰》与酒

周立国以后分封诸侯，武王将其弟康叔封在了殷商故地。周公制礼之初，生怕康叔沾染殷商酗酒的风习，特别作了一道《酒诰》，今存于《尚书》中。这是中华典籍中关于饮酒问题最早的、具有法律意义的文献，也是最能体现儒家酒德精神与政治教化相结合的产物。《酒诰》现有汉代孔安国传（以下简称孔传），唐代孔颖达疏。孔传曰：康叔受封监殷，殷民"化纣嗜酒"，周公以成王命，作《酒诰》以戒之。其主要文字兹摘录如下：

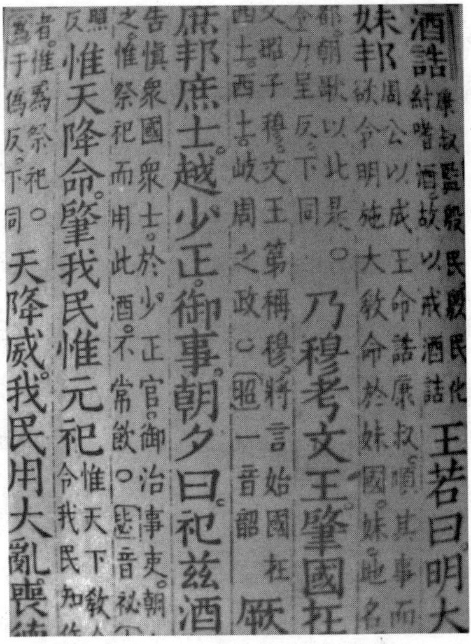
酒誥 康叔監殷民殷民化紂嗜酒故以戒酒誥 王若曰明大命于妹邦 周公以成王命誥康叔順其事而戒命明施大教命於妹國妹地名紂都朝歌以北是○令力呈反下同 乃穆考文王肇國在西土 父昭子穆文王第稱穆將言始國在西土西土岐周之政○昭一音韶 厥誥毖庶邦庶士越少正御事朝夕曰祀茲酒 告慎眾國眾士於少正官御治事吏朝夕之惟祭祀而用此酒不常飲○毖音祕 惟天降命肇我民惟元祀 惟天下教令我民知作酒者惟為祭祀○為于偽反下同 天降威我民用大亂喪德

《尚书·酒诰》

王若曰："明大命于妹邦。乃穆考文王，肇国在西土。厥诰毖庶邦、庶士越少正御事朝夕曰：'祀兹酒。惟天降命，肇我民，惟元祀。天降威，我民用大乱丧德，亦罔非酒惟行；越小大邦用丧，亦罔非酒惟辜。'

文王诰教小子有正有事：无彝酒。越庶国：饮惟祀，德将无醉。惟曰我民迪小子惟土物爱，厥心臧。聪听祖考之彝训，越小大德。

小子惟一妹土，嗣尔股肱，纯其艺黍稷，奔走事厥考厥长。肇牵车牛，远服贾用，孝养厥父母。厥父母庆，自洗腆，致用酒。

庶士有正越庶伯君子，其尔典听朕教！尔大克羞耇惟君，尔乃饮食醉饱。丕惟曰尔克永观省，作稽中德，尔尚克羞馈祀。尔乃自介用逸，兹乃允惟王正事之臣。兹亦惟天若元德，永不忘在王家。"

王曰："封，我西土棐徂，邦君御事小子尚克用文王教，不腆于酒，故我至于今，克受殷之命。"

王曰："封，我闻惟曰：'在昔殷先哲王迪畏天显小民，经德秉哲。自成汤咸至于帝乙，成王畏相惟御事，厥棐有恭，不敢自暇自逸，矧曰其敢崇饮？越在外服，侯甸男卫邦伯，越在内服，百僚庶尹惟亚惟服宗工越百姓里居，罔敢湎于酒。不惟不敢，亦不暇，惟助成王德显越，尹人祗辟。'

我闻亦惟曰：'在今后嗣王，酣，身厥命，罔显于民祗，保越怨不易。诞惟厥纵，淫泆于非彝，用燕丧威仪，民罔不伤心。惟荒腆于酒，不惟自息乃逸，厥心疾很，不克畏死。辜在商邑，越殷国灭，无罹。弗惟德馨香祀，登闻于天；诞惟民怨，庶群自酒，腥闻在上。故天降丧于殷，罔爱于殷，惟逸。天非虐，惟民自速辜。'"

王："封，予不惟若兹多诰。古人有言曰：'人无于水监，当于民监。'今惟殷坠厥命，我其可不大监抚于时！"

予惟曰："汝劼毖殷献臣、侯、甸、男、卫，矧太史友、内史友、越献臣百宗工，矧惟尔事服休，服采，矧惟若畴，圻父薄违，农夫若保，宏父定辟，矧汝，刚制于酒。'

厥或诰曰：'群饮。'汝勿佚。尽执拘以归于周，予其杀。又惟殷之迪诸臣惟工，乃湎于酒，勿庸杀之，姑惟教之。有斯明享，乃不用我教辞，惟我一人弗恤弗蠲，乃事时同于杀。"

王曰："封，汝典听朕毖，勿辩乃司民湎于酒。"

本篇是周公命令康叔在卫国宣布禁酒的诰词。周公平定武庚的叛乱以后，把幼弟康叔封为卫君，统治殷民。卫国处在黄河和淇水之间，是殷商的故居。殷人酗酒乱德，周公害怕这种恶劣习俗会酿成大乱，所以命令康叔在卫国宣布戒酒令，不许酗酒，并把戒酒的重要性和禁止官员饮酒的条例详细告诉康叔。史官记录周公的这篇诰词，写成《酒诰》，分三段：第一段教导卫国臣民戒酒，第二段告诉康叔关于饮酒的历史教训，第三段教导康叔要强制官员戒酒。大意为：

王说：“我要在卫国宣布一项重大教命。当初，你那尊敬的先父文王在西方创立我国。他早晚告诫各国诸侯、各位卿士和各级官员说：‘祭祀时，才饮酒。’上帝降下教令，劝勉我们臣民，只在大祭时才饮酒。上帝降下惩罚，我们臣民平常大乱失德，也没有不是以酗酒为罪的。

文王告诫在王朝担任大小官职的子孙：不要经常饮酒。告诫在诸侯国任职的子孙，只有在祭祀时才可以饮酒，并要用德扶持，不要喝醉了。文王还告诫臣民：要教导子孙珍惜粮食，使我们的思想善良。我们要听清前辈的训教，发扬大大小小的美德！

殷民们，你们要专心住在卫国，用你们的手足力量，专心种植黍稷，勤勉地奉事你们的父兄。农事完毕以后，勉力牵牛赶车，到外地去从事贸易，孝顺赡养父母；父母高兴，你们准备了美好丰盛的膳食，可以饮酒。

各级官员们，你们要经常听从我的教导！如果你们都能进献酒食给老人和君主，你们就能喝醉吃饱。我想，你们能够长久地观察自己，使自己的言行符合中正的美德，你们还能够参加国君举行的祭祀。如果你们自己限制行乐饮酒，这样就能长期成为王家的治事官员。这些是上帝所赞赏的大德，将永远不会被王家忘记。”

王说：“封啊，我们西土辅导帮助诸侯和官员，常常能够遵从文王的教导，不多饮酒，所以我们到今天，能够接受重大的使命。”

王说：“封啊，我听到有人说：‘过去，殷的先人明王畏惧天命和百姓，施行德政，保持恭敬。从成汤延续到帝乙，明君贤相都考虑着治理国事，他们颁布政令很认真，不敢自己安闲逸乐，何况敢聚众饮酒呢？在外地的侯、甸、男、卫的诸侯，在朝中的各级官员、宗室贵族以及退住在家的官员，没有人敢酣乐在酒中。不但不敢，他们也没有闲暇，他们只想助成王德使它显扬，助成长官重视法令。’

我听到也有人说：‘在近世的商纣王，好酒，以为有命在天，不明白臣民的痛苦，安于怨恨而不改。他大作淫乱，游乐在违反常法的活动之中，因宴乐而丧失了威仪，臣民没有不悲痛伤心的。商纣王只想放纵于酒，不想自己制止其淫乐。他心地狠恶，不能以死来畏惧他。他作恶在商都，对于殷国的灭亡，没有忧虑过。没有明德芳香的祭祀升闻于上天，只有老百姓的怨气、只有群臣私自饮酒的腥气升闻于上天。所以，上帝对殷邦降下了灾祸，不喜欢殷国，就是淫乐的缘故。上帝并不暴虐，是殷民自己招来了罪罚。’”

王说：“封啊，我不想如此多告了。古人有句话说：‘人不要只从水中察看，应当从民情上察看。’现在殷商已丧失了他的福命，我们难道可以不大大地省察这个事实！我想告诉你，你要慎重告诫殷国的贤臣，侯、甸、男、卫的诸侯，或朝中记事记言的史官，贤良的大臣和许多尊贵的官员，还有你的治事官员，管理游宴休息和祭祀的近臣，还有你的三卿，讨伐叛乱的圻父，顺保百姓的农父，制定法度的宏父：‘你们要强行断绝饮酒！’

假若有人报告说：‘有人群聚饮酒。’你不要放纵他们，要全部逮捕起来送到周京，我将杀掉他们。如果殷商的辅臣百官酣乐在酒中，不用杀他们，暂且先教育他们。有这样明显的劝诫，若还有人不遵从我的教令，我不会怜惜，不会赦免，处治这类人，同群聚饮酒者一样，要杀。”

王说：“封啊，你要经常听从我的告诫，不要使你的官员酣乐在酒中。”

周公以先王的口气诫谕其弟道：“文王诰教小子有正有事：无彝酒”。其中特别提到禁止聚众饮酒，违者要杀头——“群饮，汝勿佚，尽执拘以归于周，予其杀”。但对于殷商工匠的饮酒，则要区别对待，循循善诱——“又惟殷之迪诸臣惟工，乃湎于酒，勿庸杀之，姑惟教之。”这除了总结夏商两代亡国教训外，实际上还反映着农业文明与商业文明的区别。某种意义上可以说对饮酒的不同态度，是殷周鼎革、文化转型的一大标志。在周公看来，民乱国丧无非因酒，群聚而饮将为奸恶。《酒诰》的目的就在于防范这类事情的发生。《酒诰》规定了儒家酒文化观念的四条法则，也是评判酒德精神的四条标准：

1. 饮惟祀

孔传曰：“惟天下教命，始令我民知作酒者，惟为祭祀。”又曰：诸侯们“于所治众国饮酒，惟当因祭祀。”祭祀是古代重典，是先民最初酿酒的主要目的之一，以“取其馨香，上达求诸阴之义。”我国夏代用水奠祭，称为“玄酒”；殷商用醴祭祀，仅仅是粗有酒气的薄酒而已；西周才比较普遍地使用曲酿醇酒来祭祖敬神。这在甲骨文和先秦典籍中屡见不鲜。

酒誥第十二

酒誥 康叔監殷民殷紂嗜酒故以戒
若玆監故云康叔監殷爲牧而言然康叔時實
紂餘民不主於牧下篇明監即國君監一國故
若大宰之建牧立監也 王若曰明
其事而言之欲令明施妹國妹地名紂所都朝
肇國在西土 父昭子始國於
毖庶邦庶士越少

日本藏南宋版《尚书正义》

2. 无彝酒

孔传曰：“惟祭祀而用此酒，不常饮。”又曰：“谓下群吏教之，皆无常饮酒。”无彝酒的精神是与农业社会中的节粮观念相联系的。上古时代，粮食匮乏，酒更珍稀。珍稀之物是要用来敬祀神灵、孝养父母的，因而不能常饮，更不可暴殄浪费。《礼记·射义》云：“酒者，所以养老也，所以养病也。”孔子亦曰：“身有疡则浴，首有创则沐，病则饮酒食肉。”则更作为珍稀药品，非病不饮。

3. 执群饮

孔传曰：“民群聚饮酒，不用上命，则汝收捕之。勿令失也。”又曰：“尽执拘群饮酒者，以归于京师，我其择罪重者而杀之。”惩民之化是孔子与儒家学派一贯的思想主张，酒德政教也就是治民之道。《论语·为政》云："道之以政，齐之以刑；民免而无耻。"儒家认为只有君王才能享遇特殊，"惟辟作福，惟辟作威，惟辟玉食。"群饮不合于八政中的劝农业、宝用物、敬鬼神等准则，故必加以刑罚。

4. 禁沉湎

孔传曰："勿使汝主民之吏湎于酒，言当正身以帅民。"又曰："汝若忽怠，不用我教辞，惟我一人不忧，汝乃不洁汝政事，是汝同于见杀之罪。"儒家酒德观念的特点虽是上宽而下严，等级分明，但治民者也要正身正人，禁沉湎就是对大小官员和邦国君主的酒德要求。孔子有云："其身正，不令而行。其身不正，虽令不从。"其道理是一致的。儒家酒德的观念提出，代表了一种进步的社会历史观。

二、《周易》与酒

伏羲书八卦是中华文化史上的一件大事，天水伏羲庙的匾额就是"一画开天"，标志着人文肇始。后世解释八卦的易学著作主要有三种——《连山》、《归藏》和《周易》，称为"三易"。据说《连山》是夏代的易学，由艮卦始，取"山之出云，连绵不绝"之意。《归藏》是殷商易学，由坤卦始，为"万物莫不归藏其中"之意。

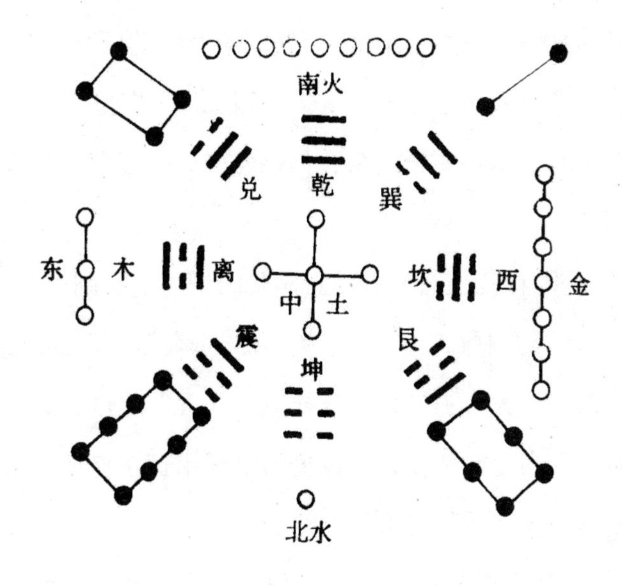

洛书配八卦图

《周易》则是周代易学，由乾、坤二卦起始，象征“天地之间，天人之际”。《连山》《归藏》已经失传，亦有人认为其遗学后来演变成汉魏以后的象数易学，按下不表。现存《周易》据说是周文王被商纣王拘于羑里时，推演伏羲氏八卦所作，被誉为“大道之源”“众经之首”，也被当代学者列为中华民族最早的“忧患之书”。

太史公云：“孔子晚而喜《易》，序、彖、象、说卦、文言、读《易》，韦编三绝。”（《史记·孔子世家》）说明孔子在《周易》上狠下过工夫，颇有心得，因此《易经》成为后来儒、道两家的宝典。

宋儒研究《易经》，发现一个问题：“《易》惟四卦言酒，而皆险难时：《需》，需于酒食；《坎》，樽酒簋贰；《困》，困于酒食；《未济》，有孚于饮酒。”（《吹剑录》）易学是专学，争论歧异历来不少，我们不妨顺着他的思路，按照《易传》大体演绎一下：

“需卦”是阐释草创初期动荡不安时应遵循的原则，“九五：需于酒食，贞吉。象曰：酒食贞吉，以中正也。”是指虽然居于九五至尊之位，可享酒食，本是安全之象，但仍然应居安思危，执守正中，谨慎戒备。

“坎卦”是阐释物极必反、涉艰履险时遵循的原则，“六四：樽酒簋贰，用缶。纳约自牖，终无咎。象曰：樽酒簋，刚柔际也。”有人认为此句最费解，大意为“六四”接近“九五”之位，本是吉象，但在艰险处境中应当通权达变，就像樽酒盘餐用瓦缶盛放，从窗户送进去吃一样，省去繁文缛节，可保无咎。

“困卦”是阐释艰难竭蹶时刻遵循的原则，“九二：困于酒食，朱绂方来，利用亨祀，征凶，无咎。”大意是说，被丰盛的酒食困扰时，又意外地取得了高贵的地位，这种锦上添花并非好事。丰厚酒食应当用于祭祀，所以谨守本分，才会没有凶灾。

“未济”是阐释事务完满以后再发展的情态下遵循的原则。《周易》六十四卦，三百八十四爻中的最后一爻就是“上九：有孚于饮酒，无咎。濡其首，有孚失是。象曰：饮酒濡首，亦不知节也。”“上九”被认为是极不安定之象，大意是说，当此境遇如果处之泰然，饮酒自若，是没有凶象的；如果失去节制，饮酒无度，连头也湿了，那么就危险了。

这四种情况大致概括了正人君子饮酒时面临的不同处境，四爻里其中两爻是说身处顺境时应当惕厉，另外两爻是说身处逆境时应当通达。总括说来是主张饮酒，应慎重，有节制。当然，《周易》里也有描述欢宴宾朋情景的，如“中孚”卦象是中心诚信，“九二：鸣鹤在阴，其子和之；我有好爵，吾与尔靡之。象曰：其子和之，中心愿也。”是说朋友欢聚，有酒共享，彼此沟通，自然是人生一大乐事。可见《周易》也不持绝对的禁酒主义。

中国造字，虽有“六书”之说，但是声形结合还是“象形”的根本。“礼（禮）”和“醴”字声同形近，表意部分都有把曲（酒曲）放在豆（容器）里的意思。这就是“以酒制礼”的联系。所以有“礼之用，和为贵”的解释，也就是理想的结局。

三、酒星与酒

在“二十八宿”中，有“酒星”或“酒旗星”之说。大家知道，我国古代天文学中“二十八宿”的提法颇早，至少是在殷周之际就已经形成了，周公制《周礼》，就已经提到了这几颗星。“二十八宿”的说法，始于殷代而确立于周代，是我国古代天文学的伟大创造之一。在当时科学仪器极其简陋的情况下，我们的祖先能在浩渺的星汉中观察到这几颗并不明亮的“酒旗星”，并留下关于酒旗星的种种记载，这不能不说是一种奇迹。至于因何而命名为“酒旗星”，不仅说明我们的祖先有丰富的想象力，而且也证明酒在当时的社会活动与日常生活中，确实占有相当重要的位置。然而，酒自“上天造”之说，既无立论之理，又无科学论据，此乃附会之说，文学渲染夸张而已。

《晋书·天文志上》记载：“轩辕右角南三星曰酒旗，酒官之旗也。主宴飨饮食。”今天的天文学知识告诉我们，轩辕星十七颗，其中十二颗属西人所谓“狮子星座”，古代所谓“酒旗三星”，就是狮子

孔　融

星座的 ψ、ε、ω 三星。这三颗星呈〉形排列，南边紧挨着的是二十八宿中的柳宿八星。柳宿八星即西人所谓“长蛇座”的 δ、σ、η、ρ、ε、ζ、ω、θ 八星。

晴朗的夜晚我们如果仰望星空，比较容易发现的是狮子座的 α 星（即轩辕十四）和长蛇座的 α 星（柳宿星一），如果没有专门设备，单凭肉眼是看不见酒旗三星的。古人究竟用何等仪器观测、定位、记叙的呢？至今令人费解。

当然，既有酒星在天，后世酒徒因此平添了一大乐趣，当然还有借口。三国名士孔融是孔夫子的嫡系后裔，一向自诩“座上客常满，樽中酒不空”的，他反对曹操禁酒，列举的理由就有“天垂酒星之耀，地列酒泉之郡”(《与曹操论酒禁书》)。

唐人李白学他的口吻，也说“天若不爱酒，酒星不在天；地若不爱酒，地应无酒泉”(《月下独酌·其二》)，李贺则曰“龙头泻酒邀酒星”(《秦王饮酒》)，踵其后者纷纷吟咏“吾爱李太白，身是酒星魂”“酒星不照九泉下”“仰酒旗之景曜”“拟酒旗于元象”“囚酒星于天岳”，等等。天上酒星与地上酒徒，也来了一把三才的“天人合一”。

第三章 酒之德

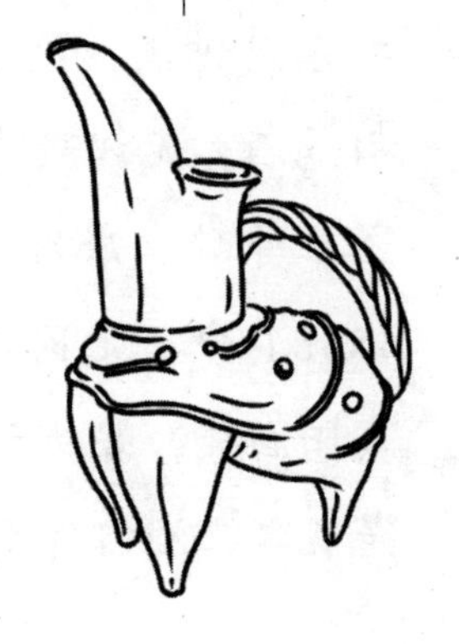

文有文德，武有武德，饮酒自然有酒德。我国酒文化历史悠久，古代饮酒者就已经开始注重酒德，有文为证：

公初当来，邦人咸抃舞踊跃，以望我后。亦既至止，酒禁施行。夫酒之为德久矣。古先哲王，类帝禋宗，和神定人，以济万国，非酒莫以也。故天垂酒星之耀，地列酒泉之郡，人著旨酒之德。尧不千钟，无以建太平；孔非百觚，无以堪上圣；樊哙解厄鸿门，非豕肩钟酒，无以奋其怒；赵之厮养，东迎其主，非引卮酒，无以激其气；高祖非醉斩白蛇，无以畅其灵；景帝非醉幸唐姬，无以开中兴；袁盎非醇醪之力，无以脱其命；定国不酣饮一斛，无以决其法。故郦生以高阳酒徒，著功于汉；屈原不哺醩醊醨，取困于楚。由是观之，酒何负于政哉！

这是汉末大儒、孔子二十世孙孔融的《与曹操论酒禁书》(又名《难曹公表制酒禁书》)。大意是:

曹公您刚刚来到时，人民是多么欢欣鼓舞，盼望你成为国家的栋梁啊！没想到搞出个禁酒令。酒对于人类从来是有功有德的——先古的帝王们，敬拜上帝，祭祀祖宗，取悦神鬼，安定人心，繁荣万国，没有酒怎么办得到啊！所以天上有酒星在闪耀，地上有城市叫酒泉，《诗经》有歌颂酒的篇章。尧不喝下千杯酒，天下就不太平；孔子没有百觚的酒量，就称不了圣人。樊哙将军没有猪肉和酒，怎么在鸿门宴上为刘邦解困？赵国的那位仆人，没有酒给他壮胆，怎么迎回他的国王？汉高祖刘邦要不是喝醉了酒，就不能斩白蛇起义；汉景帝刘启若不是喝醉酒宠幸了唐姬，就没有后来的中兴；袁盎先生全靠用酒灌醉了看押他的士兵，才能逃出一命；于定国先生全靠每次喝一斛酒，

甘肃酒泉泉眼

才能正确地判断犯人的罪行。所以郦食其先生因为是高阳酒徒，才能够为汉朝建功；而屈原先生就是因为不喝酒，才不得舒展大才。由此看来，酒怎么会给治理国家带来负面因素呢?

此文上书曹操后，显然并未达到孔融取消酒禁的目的。曹操对此引经据典驳斥了一番。孔融不肯罢休，于是有了第二篇上书：

> 昨承训答，陈二代之祸，及众人之败，以酒亡者，实如来诲。虽然，徐偃王行仁义而亡，今令不绝仁义；燕哙以让失社稷，今令不禁谦退；鲁因儒而损，今令不弃文学；夏、商亦以妇人失天下，今令不断婚姻。而将酒独急者，疑但惜谷耳，非以亡王为戒也！

大意是：昨天您教训得不错，夏商两朝确实是因为酗酒而亡的，很多人也都是因酒坏事的，但是，这就能成为禁酒的根据了吗？——当年徐偃王是因为行仁义而亡国的，你怎么不禁止仁义呢；燕王哙是因为容让而失国的，你怎么不禁止谦让呢；鲁国是因为儒家而衰弱直至灭亡的，你怎么不禁止儒家学说呢；夏朝和商朝灭亡的原因，不光是酒，也有女人，你怎么不禁止世间的婚姻呢？依我看来，禁酒的根本原因只是可惜粮食罢了，并非和什么亡国的警戒有关呀！

当时，"年荒军兴"，曹操为备官渡之战，拥兵屯粮，上制严申酒禁之令，迫使孔融之流不敢公开饮酒，大伤雅兴，因而"频书争之"，甚而扬言："夏、商亦以妇人失天下，今令不断婚姻。而将酒独急者，疑但惜谷耳，非以亡王为戒也！"年荒惜谷，本来并没有什么不对，至于曹操的拥兵屯粮也很难妄加谴责，孔融的持论不免有失偏颇，甚至有强词夺理之嫌。然而孔融以“酒德”辩驳“酒禁”的思想，却涉及儒家酒文化的是非观念判断，不能说没有一点道理。

孔融游戏文章的言外还有一个“仁”和“礼”的问题。在他看来，饮酒不能逾礼，禁酒也不能失仁。曹操乾纲独断，僭越汉室，政自己出，兵刃天下，实属非礼不仁，因而借酒德加以揶揄与反对。曹操对孔融书中的“侮谩之辞”颇为记恨，后来借故把他杀了。曹操与孔融这段公案的是非曲直不是本文关注的要点，倒是围绕“酒德”“酒禁”的一系列儒家酒文化观念，引起了笔者试加探讨的兴趣。

一、晏子讽喻

中国进入东周时期之后，诸侯分立，争斗不休。《晏子春秋》一书，据说是中国最古老的传说故事集。大约成书于战国末期，后人假托晏婴名义所作。该书语言明快、简捷、幽默和风趣，人物对话富于性格特征，特别是洋溢于人物语言中的幽默感，不但使故事意趣盎然，而且增加了语言的辛辣和讥讽。其中，与酒有关的故事颇多。

> 景公饮酒酣，曰：“今日愿与诸大夫为乐饮，请无为礼。”晏子蹴然改容曰：“君之言过矣！群臣固欲君之无礼也。力多足以胜其长，勇多足以弑君，而礼不使也。禽兽以力为政，强者犯弱，故日易主，今君

去礼，则是禽兽也。群臣以力为政，强者犯弱，而日易主，君将安立矣？凡人之所以贵于禽兽者，以有礼也。故《诗》曰：'人而无礼，胡不遄死。'礼不可无也。"公湎而不听。少间，公出，晏子不起；公入，不起；交举则先饮。公怒，色变，抑手疾视曰："向者夫子之教寡人无礼之不可也。寡人出入不起，交举则先饮，礼也？"晏子避席，再拜稽首而请曰："婴敢与君言而忘之乎？臣以致无礼之实也。君若欲无礼，此是已。"公曰："若是，孤之罪也。夫子就席，寡人闻命矣。"觞三行，遂罢酒。盖是后也，饬法修礼以治国政，而百姓肃也。

这是一个喝酒也要遵礼的故事。齐景公设酒席招待大臣。喝得兴起的时候，兴致勃勃地说："来来来，今天大伙难得喝得高兴，就随便一点，不要再受那些什么礼节的约束了！"晏子当即站起来反对说："怎么可以没有礼呢？人和禽兽的区别，就在于人有礼知礼啊。《诗经》上不是说：'人而无礼，胡不遄死'么。"然后晏子先生又长篇大论地从治国安邦的角度论述了一番礼的重要。景公被晏子扫了兴，很不舒服，就不理睬他，自顾自地喝酒。喝得难受了，就出去方便，然后又回来再喝。晏子知道景公恼了，却也不怕他，并且想了个更高的招数来教训他：景公出去和进来的时候，按理臣下们都应该起立送迎，可是晏子竟然都大大咧咧一动不动，还故意向景公敬酒。按理说，敬酒者，尤其是臣下向君主敬酒，应该等君主先饮，自己再喝，晏子却故意自己“咕嘟咕嘟”先喝。于是景公耐不住性子，说：“先生，你刚才还和我说人要有礼，可是我出去和进来，你竟连站都不站起来；敬酒时，你又顾自先喝，这难道就是你所说的礼么！”晏子大喜，暗道：中计了！表面上却诚惶诚恐地退到一边，奏道：“不敢。臣是在请您体验一下无礼的滋味——假如大家喝酒都不遵守礼节，那就成这个样子了。”景公这才恍然大悟，连忙说：“哦，真是寡人之过啊。快回席，快回席，我知道你的宝贵了。”于是，酒过三巡，齐景公就宣布宴会结束。此后，齐景公制定礼法，治理国家，百姓也都遵守了。

这就是酒礼三爵的一个典型例子，至今，我们还可以遇见酒过三巡，大家吃饭的场面，可说是中华民族古老的酒礼传统了。

宋代诗人丁谓有《酒》诗曰：“千酿富难敌，万钱酬亦当。宜遵三爵礼，莫羡百壶章。”也是讲的这一传统。

另一个故事则讲喝酒要有所节制。

> 景公饮酒，酲，三日而后发。晏子见曰：“君病酒乎？”公曰：“然。”晏子曰：“古之饮酒也，足以通气合好而已矣。故男不群乐以妨事，女不群乐以妨功。男女群乐者，周觞五献，过之者诛。君身服之，故外无怨治，内无乱行。今一日饮酒，而三日寝之，国治怨乎外，左右乱乎内。以刑罚自防者，劝乎为非；以赏誉自劝者，惰乎为善；上离德行，民轻赏罚，失所以为国矣。愿君节之也！”

意思是景公喝酒喝得大醉，躺了三天以后才起来。晏子谒见景公，说："您喝醉酒了吗？"景公说："是的。"晏子说："古时候喝酒，只是用来使气脉疏通、让客人快乐罢了。所以男子不聚会饮酒作乐以致妨害本业，妇女不聚会饮酒作乐以致妨害女工。男子、妇女聚会饮酒作乐的，只轮番敬五杯酒，超过五杯的要受责备。君主身体力行，所以朝外没有积压下来的政事，宫内没有混乱的行为。现在您一天喝了酒，三天睡大觉，国家的政事在朝外积压下来，您身边的人在宫内胡作非为。用刑罚防止自己去干坏事的，因为刑罚不公正，都纷纷去干坏事；用赏誉勉励自己去做好事的，因为奖赏不公正，都懒于去做好事。君主违背道德，百姓看轻赏罚，这就丧失了治理国家的办法。希望您喝酒加以节制！"

下面则是齐景公戒酒的故事。

> 景公饮酒，七日七夜不止。弦章谏曰："君饮酒七日七夜，章愿君废酒也。不然，章赐死。"晏子入见，公曰："章谏吾曰：'愿君之废酒也。不然，章赐死。'如是而听之，则臣为制也；不听，又爱其死。"晏子曰："幸矣，章遇君也！令章遇桀纣者，章死久矣。"于是公遂废酒。

有一次，齐景公又豪饮七昼夜不止。大夫弦章十分焦虑，对齐景公说："君王您都喝了七天七夜的酒了，我诚望您不要再喝了。如果君王不戒酒，请赐臣一死吧。"正值此时，晏子来到，齐景公说："弦章劝我戒酒，不然就让我赐他一死，如果我听了他的，那不是被他制服了？不听他的劝告，我又舍不得他死，你看怎么办呢？”晏子听罢，立刻说道：“幸亏弦章大夫遇到了您这样贤明的君王，善听臣下的意见，如果遇到的是夏桀王、商纣王那样的昏君，弦章大夫早就死了！”齐景公听后觉得惭愧，于是戒酒。

二、孔子申诫

“酒德”二字，最早见于《尚书》和《诗经》：“无若殷王受之迷乱，酗于酒德哉”，“既醉以酒，既饱以德”，“醉酒饱德，人有士君子之行焉。”酒德的含义是说饮酒要有德行，不能像纣王那样“颠覆厥德，荒湛于酒。”是意亦言，遵循酒德，方为君子。儒家是不反对饮酒作乐的。无论祭祀敬神，养老奉宾，都是德行，但不能荒淫过度，儒家提倡“德将无醉”。《尚书》孔传曰：“以德自将，无令至醉。”是言君子以酒德为尚，节饮有秩，避免醉酒失礼。“无醉”是自我克制、自我把握的尺度，也是酒德起始的具体体现。醉则失礼，醉则昏乱丧德，因而孔子告诫弟子：“肉虽多，不使胜食气；惟酒无量，不及乱。”《论语》朱熹注云：“酒以为人合欢，故不为量，但以醉为节，而不及乱耳。”程子曰：“不及乱者，非惟不使乱志，虽血气亦不可使乱，但浃洽而已可也。”这里的“醉”字与《诗·大雅·既醉》的“醉”字同义，不是“饮酒过量”的间断，而是“施与”之义，《毛诗正义》孔疏有云：“成王祭宗庙，至于旅酬，乃以酒次序相酬，不遗微贱，下遍于群臣，至于无算爵。爵行无数，以此故云醉焉。”孔子以“不及乱”的说法取代“无令自醉”与“醉酒饱德”，是有所针对的，程子、朱熹二人深刻领悟了夫子命意。

孔子燕居像（曲阜孔府藏）

酒德观念是儒家酒文化思想的核心，也是儒家修身养性，从政化民的政教哲理的延伸，儒家反对“酗酒废政”。孔子晚年整理六经，鲁哀公向其问政，他总结三代兴亡，作了一番概括：“禹崩，十有七世，乃有末孙桀即位。桀不率先王之明德，乃荒耽于酒，淫泆于乐，德昏政乱……乃有商履代兴”，“武丁卒崩，殷德大破，九世，乃有末孙纣即位。纣不率先王之明德，乃上祖夏桀行，荒耽于酒，淫泆于乐，德昏政乱……忽然几亡。”从而将酒德精神与邦国兴亡的政治教化联系起来。

春秋时期，诸侯弃酒礼于不顾，史籍多有记载。《左传·襄公三十年》：“郑伯有嗜酒，为窟室，而夜饮酒，击钟焉，朝至未已。”

《晏子春秋·谏上》:“齐景公饮酒七日七夜，不纳弦章之谏。”《赵襄子饮酒》:“赵襄子饮酒，五日五夜不废酒。谓侍者曰：‘我诚邦士也！夫饮酒五日五夜矣，而殊不疾。’优莫曰：‘君勉之！不及纣两日耳。纣七日七夜，今君五日。’”优莫还讽谏他说：“桀纣之亡也，遇汤武，今天下尽桀也，而君纣也，桀纣并世，焉能相亡？然亦殆矣！”足见此风之盛。

按照古礼，夜饮为淫乐。饮酒夜以继日，礼崩义废，证明新的道德生活方式还没有在社会生活中确立起来，无怪儒家忧心忡忡。社会上层腐化如此，民间酤饮亦无禁忌。这时“工商食官”的旧体制已经瓦解，私营工商业异常活跃，酤酿求售便是其中一个重要行当。《诗经·小雅·伐木》:“有酒湑我，无酒酤我。”《韩非子·外储说右上》:“宋人有酤酒者，升概甚平，遇客甚谨，为酒甚美，悬帜甚高。”都是反映这方面情形的有力证明。

“社会存在决定社会意识。”面对新的社会状况，孔子思想中不可能不有所反映与触动。一方面，科技进步不可能逆转；另一方面，嗜酒之风需要节制。值得注意的是，经孔子删削整理的六经中，没有提到“仪狄作酒”和“禹恶旨酒而好善言”这个绝对禁酒的故事。但孔子不著录这事的原因，似不在于不语“乱、力、怪、神”，而在于孔子已经清醒地认识到，自酒问世以来，饮酒行为便成为一种社会存在，有其延续的合理价值。一味禁戒不是办法，也无从办到。况且，肇乱之源并不在于酒本身，也不在于饮酒行为之中，而在于人欲贪婪和无节制的滥饮。上古那种相当绝对的禁酒办法与“中庸”之道不合，已属相对落后。改良的办法是要规定一些具体的道德约束和礼仪制度，循循善诱，进行自我约束，辅助酒禁的实施，因而孔子提倡酒德是很自然的事情。

禁酒之教，是上古农业文明的遗产。孔子和儒家文化并没有抛弃这一点，而是将它与酒政管理结合一体。几千年来，酿酒业在小农经济的制约下，始终和民本（人口）问题、粮食问题以及天灾人祸相冲突。人多粮少，神多酒稀，不酿不祭不成，滥饮不禁也不成，解决这一矛盾的有效途径只能是禁酒原则指导下具体的酒政措施。儒家赞赏的酒政管理，体现在《周礼》一书中。《周礼·秋官·萍氏》记载："萍氏，掌国之水禁，几酒，谨酒，禁川游者。"几（讥，通稽）酒即"苛察沽买过多及非时者"，"使民节用酒也"。这与《尚书·酒诰》中"无彝酒"的要求相符合。

唐《开成石经》之《周礼·天官冢宰·酒正掌次》残拓

《周礼·地官》司市下设司虣一职：“司虣掌宪市之禁令。禁其斗嚣者，与其虣乱者，出入相陵犯者，以属游饮食于市者。若不可禁，则搏而戮之。”这与“执群饮”的禁令也相吻合。

萍氏、司虣，都是对付民间饮酒的，贵族统治者自己则设酒官，有限度有节制地供给王室和大臣们用酒。《周礼·天官》特设酒正一职：“酒正掌酒之政令，以式法授酒材。凡为公酒者，亦如之。”式法是作酒的程式方法，授酒材是授人以粮食、曲蘖之类的制酒原料。为公酒者，指为公事而作酒，必因有事而授酒材，故亦称之“事酒”。酒正为酒官之长，属下还有酒人、浆人等：“酒人掌为五齐三酒，祭祀则共奉之”，“浆人掌共王之六饮”。酒官之设，是与“饮惟祀”“禁沉湎”的原则相一致的，可见命意之深。

总之，孔子和儒家的“酒禁”和“酒政”观念都要求官员和民间都节制酒的消费，而非完全断酿酒、饮酒。孔子终究懂得，酒是一种双重事物，“本为祭祀，亦为乱行”，虽可“起造吉凶”，但“德昏政乱”的根本原因在于人事。所以他在《大戴礼记》中又说：

> 公曰：“所谓失政者，若夏商之谓乎？”
>
> 子曰：“否，若夏商者，天夺之魄，不生德焉。”
>
> 公曰：“然则何以谓失政？”
>
> 子曰：“所谓失政者：疆蒌未亏，人民未变，鬼神未亡，水土未絪；糟者犹糟，实者犹实，玉者犹玉，血者犹血，酒者犹酒。优以继慆，政出自家门，此之谓失政也。非天是反，人自反。臣故曰君无言情于臣，

君无假人器，君无假人名。”

公曰：“善哉！”

这样外貌安然，上下逸乐，继之以忍，“政出自家门”，“非天是反，人自反”，是其所以失政的根本原因。但毕竟“酗酒废政”是为孔子所鄙薄的事情，这里既含有对酒的谏诫，也含有对人的指责。孔子和儒家伦理哲学的核心是“仁”和“礼”，酒德和酒禁体现了一个“仁”字，而酒礼则直接出于《周礼》。

三、历代论述

孔子与儒家的酒文化思想，对后世影响极大。汉以后，统治者以孔教为正统，士人对儒家经典十分追恋，十分迷信。无论是研究各代政策制度的专著《文献通考》，还是荟萃百家之言的巨典《古今图书集成》，记酒事均先就《尚书》和《周礼》说起，“几酒”“谨酒”“礼酒”的原则长时期内被人们奉为金科玉律，从而将儒家的酒德观念抬高到中国酒文化体系中的显赫地位。

自汉武帝天汉三年（前98年），“初榷酒酤”以来，一种新的酒政思想（榷酒、税酒）开始抬头，并向儒家的酒德思想提出挑战，禁酒和榷酒成为历代频繁争论的重大理论问题。主张税酒、榷酒的人大多基于国家财政观点，而主张禁酒政策的无一不是追随孔子之说。从国家财政的实际出发，酒税、酒利难以割舍，因而酒税、榷酒政策历代均有保留，在实践中直接为治人者所用。然而酒礼、酒德、酒禁的思想，借助儒家文化的正统地位，在意识形态和上层领域却有广泛影响，特别是当“年荒谷贵”，“民食匮乏”之际，更直接转化为政策禁令，屡屡获得实施，因而禁酒的记载，历代也史不绝书。

苏轼、邱濬和顾炎武是后世提倡儒家酒德文化比较典型、比较著名的人物。宋代苏轼是反对新法中确立理财观点，推崇周公禁酒正德的。他说：

> 自汉武帝以来至于今，皆有酒禁，刑者有至流，赏或不赀，未尝少纵，而私酿终不能绝。周公独何以能禁之？曰：周公无所利于酒也，以正民德而已。甲乙皆笞其子，甲之子服，乙之子不服，何也？甲笞其子而责之学，乙笞其子而夺之食。此周公之所以能禁酒也。

苏东坡不只反对榷酒病民，夺人之食，进而宣扬“重德教轻功利”，维护“先圣”禁酒之训。这一点，他的弟弟苏辙说得更明白：“故世之君子，苟能观《既醉》之诗，以和平其心，而又观夫《抑》与《酒旖》之篇，以自戒也，则五福可以坐致，而六极可以远却。而孔子之说，所以分而别之者，又何足为君子陈于前哉！”

明代邱濬对《尚书》《周礼》的酒德、酒禁思想作了充分的发挥。他在《酒诰》之后所加的按语中说：

> 先儒有言，古之为酒，本以供祭祀、灌地降神，

取其馨香上达求诸阴之义也。后以其能养阳也，故用之以奉亲养老；又以其能合欢也，故用之于冠婚宾客。然曰：“宾主百拜而酒三行”。又曰：“终日饮酒而不得醉焉”。未尝过也。

他把《礼记》寓禁于礼，以备酒祸的道理讲得很透彻：

古之圣王岂欲以是而禁绝人之饮食哉？盖民不食五谷则死，而酒之为酒，无之不至伤生，有之或至于致疾而乱性禁之诚，是也后世不徒不禁酿，而又设为楼馆于市肆中以诱致其饮以罔利，此岂圣明之世所宜有哉？

顾炎武画像

邱濬这种酒能伤身致疾，乱性败德的言论，也是以《酒诰》和《周礼》作为实行禁酒政策的经典为根据的。多少年来，这已成为中国酒文化的一种传统观念了。

邱濬之后的思想家顾炎武也是酒德论者和禁酒论者。他在《日知录》中说：“邴原之游学，未尝饮酒，大禹之疏仪狄也；诸葛亮之治蜀，路无醉人，武王之化妹邦也。”他感慨周礼之教：

> 先王之于酒也，礼以先之，刑以后之。《周书·酒诰》：“厥或诰曰：‘群饮，汝勿佚，尽执拘以归于周，予其杀！’”此刑乱国用重典也。《周官·萍氏》：“几酒谨酒。”而《司虣》：“禁以属游饮食于市者。若不可禁，则搏而戮之。”此刑平国用中典也。一献之礼，宾主百拜，终日饮酒而不得醉焉。则未及乎刑而坊之以礼也。水为地险，酒为人险，故《易》交之言酒者无非《坎卦》，而《萍氏》：“掌国之水禁”，水与酒同官。徐尚书石麒有云：“传曰：‘水懦弱，民狎而玩之，故多死焉。’酒之祸烈于火，而其亲人甚于水。有以夫，世尽于酒而不觉也，”读是言者可以知保生之道。

他反对明清之际酒禁大开，酒礼、酒德为人遗弃，“民间遂以酒为日用之需，比于饔餐之不可阙。若水之流，滔滔皆是，而厚生正德之论莫有起而持之者矣！”顾氏挺身而出，力挽世风，为儒教的酒禁传统充当最后一批守护神。

经济不断发展，酤饮之俗，势成燎原。民间躬耕陇亩，伐薪山林，无酒不能驱寒；婚丧嫁聘，无酒不能成礼。社会民众的生活需求，业已成为酿饮消费的主流，儒家酒禁之教已趋于陈腐，越来越多的士人转而倾向“寓禁于征”的榷酤（公卖、专卖）思想。禁酒政策走到了尽头。

然而，纵观儒家酒文化的深层内涵，其中仍不乏积极进步的因素。历经三千年的文化烟云，节粮节炊，敬老赏贤的酒德精神在今天仍有其继续存在和提倡的社会价值。我们在指出儒家酒文化观念一系列社会局限的同时，也必须肯定其历史功绩。

第四章 酒之仪

“故酒食者，所以合欢也;……礼者，所以辍淫也。”这正是《周易》“我有好爵，吾与尔靡之”的中心意思。在“礼”的规范下，理性的、有节制的饮酒，就成为老百姓伦常日用的乐趣。“有朋自远方来，不亦乐乎？”于是，“酒食合欢”。推而广之，一切调和人际、敦睦人伦的场合，都会有酒参与，体现着“酒食合欢”的道理。

可惜人们牢牢记住的是这段古训的前半句，忙于“酒食合欢”，往往忘却的是古训的后半句“礼者辍淫”。尤其近年经济腾飞，各地似乎都染上了开“春来茶馆”的瘾，奉行“摆开八仙桌，招待十六方”的阿庆嫂主义，一时间海内群贤毕至，海外商贩云集，一些与酒相关的奇形怪状的现象也出现了。酒类消费甚至高于财政增长的幅度，就不难循此探究原因了。

那么，儒家在饮酒问题上有哪些见解呢?

一、有度不乱

酒，作为一种物质，一种产品，一种饮料，正如世间许多东西一样，本身无所谓好坏。固然，酒在历史上起过坏作用，但又有更多的好作用——它能寄托人们的情思，能排遣人们的忧愁，能激发士气，能兴起豪情，能增添友谊，还能活跃经济，增加税收……关键在于人们对它的态度和使用程度。

酒不可缺，重要的是要饮而有度，不可过度失礼，这是古人早就得出的结论。

早在《诗经》的“宾之初筵”里就写道：

既醉而出，并受其福。
醉而不出，是谓伐德。
饮酒孔嘉，维其令仪。
……
式勿从谓，无俾大怠。
……
三爵不识，矧敢多又。

这话翻译出来就是：醉了的人，自己主动退出酒席，那么大家都有福了。如果醉了还不肯退席，这就叫作缺德。喝酒本来是件好事情，只是要用礼仪来约束自己。……不要拼命劝人喝酒啊，那是害人失礼而丢面子的。三杯下肚就差不多了，千万不要再喝了！

这大约是我国最早提出喝酒并非坏事，只是要用礼仪来约束的文字。喜酒的人要约束自己，旁边的人也要如此，不要拼命劝人喝酒，并在数量上提出了三杯即止这个概念。三杯即止，在很长一段时间成为我国正式酒席上的规矩。西汉人编纂的《礼记·玉藻》一书，是汇集了先秦书籍而来的，也明确记载了这一规矩：

> 君子之饮酒也，受一爵而色洒如也；二爵而言言斯，礼已三爵而油油，以退，退则坐。

孔子说："吾观于乡，而知王道之易易也。"孔子所说的"乡"，是指乡饮酒礼；"易易"，是"易"字的重复，是为了语句的顺畅而有意作的叠加，犹言"平平"；意思是说，看了乡饮酒礼，才知道实行王道是多么容易。一场饮酒的礼仪，何以会得到孔子如此高度的赞誉？儒家究竟赋予它一些怎样的礼仪呢？

周文化的里社制度设计中，还有一项教化与娱乐相结合的内容，就是"乡饮"。乡饮之礼亦出自《礼记·乡饮酒义》，考虑到殷纣以酗酒暴政而亡，周初曾颁发《酒诰》，特意对饮酒做出种种限制，制定"乡饮酒义"实为对百姓网开一面，目的是令乡里之间亲身感受"尊让洁敬"，敬老尊贤，寓有"君子尊让则不争，洁敬则不慢。不慢不争，则远于斗辨矣；不斗辨则无暴乱之祸矣"的教民化俗之心，与睦邻友好之意，故能长存于乡里之间。

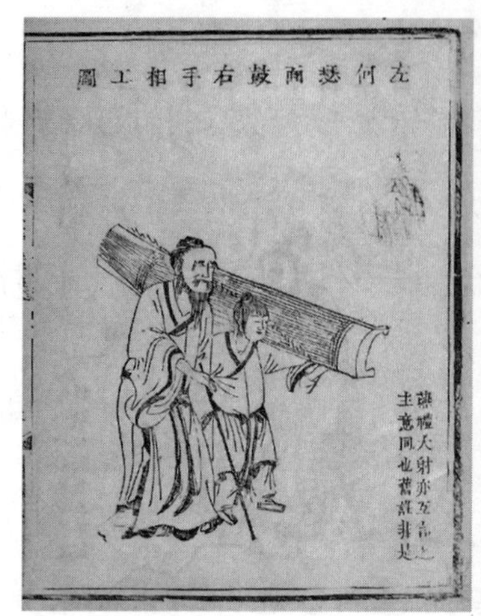

明代乡饮诗乐谱图

这种风气到了汉代就更加盛行了。《史记 · 高祖本纪》所记载的刘邦衣锦还乡，击筑高歌《大风歌》的故事，讲的就是在当了皇帝荣归故里的时候摆酒宴请父老乡亲，并选 120 名青年唱歌作乐，喝到兴头上，刘邦突然亲自击筑，即兴作歌："大风起兮云飞扬，威加海内兮归故乡，安得猛士兮守四方。"唱完后，他令青年跟着学唱，还亲自舞蹈，情动之处，泪流满面。 其实这就是在"乡饮"的场合即席歌唱的。唐代诗人王驾有《社日》吟咏说："鹅湖山下稻粱肥，豚栅鸡栖半掩扉。桑柘影斜春社散，家家扶得醉人归。"则充分展示其温馨一面。

无独有偶，时隔千年，五代时期越王钱镠也有这样一段佳话。开平元年（907），梁太祖即位，封钱镠为吴越王。镠改其故乡临安县为临安衣锦军，当即回乡扫墓，旌旗蔽长空，鼓吹震山谷，大宴家乡父老。据说参宴者百岁以上也有十多人。席间，钱镠拿起酒杯，效学当年刘邦回乡唱《大风歌》的样子，高声唱起了还乡歌：

> 三节还乡兮挂锦衣，碧天朗朗兮爱日晖。
> 功成道上兮列旌旗，父老远来兮相追随。
> 家山乡眷兮会时稀，今朝设宴兮觥散飞。
> 斗牛无孛兮民无欺，吴越一王兮驷马归。

那时，父老虽闻歌进酒，但乡亲们对文绉绉的歌词似懂非懂，不能尽兴。钱镠觉察到了这点，再斟满酒，用土音高唱：“你辈见侬底欢喜？别是一般滋味子。永在我侬心子里！”歌词虽短，却是乡音土语，立刻引起轰动。歌罢，合声赓赞，叫笑振席，欢感闾里。

这首唐末五代十国时吴越王钱镠唱的即兴山歌，是迄今为止，人们发现的最早用吴语记录的吴歌。它比之六朝文人记录加工的吴歌，更加朴实、通俗，乡土气息也特别浓厚。研究吴歌的学者们，几乎一致认为它是“吴中山歌最初的记录”。

酒礼为酒德所规定，酒德又以酒礼为传播载体。因此不妨这样认为：无逾酒礼，便是酒德。儒家酒礼、酒德观念的规定，体现了孔子“克己复礼”的仁学思想，其含义是极其深刻的。《尚书·酒诰》在“执群饮”“予其杀”之后讲到，“惟殷之迪诸臣惟工，乃湎于酒，勿庸杀之，姑惟教之。”以什么为教？《礼记》在阐释“乡饮酒”之义时说道：“主人拜迎宾于庠门之外，入，三揖而后至阶，三让而后升，所以致尊让也。盥洗扬觯，所以致洁也。拜至，拜洗，拜受，拜送，拜既，所以致敬也。尊让洁敬也者，君子之所以相接也。君子尊让则不争，洁敬则不慢，不慢不争，则远于斗辨矣；不斗辨则无暴乱之祸矣，斯君子所以免于人祸也。故圣人制之以道。”又说：“吾观于乡，而知王道之易易也。”其寓意之大，远远超过了酒与礼的字面含义。

围绕酒礼和酒德，孔子也曾作过直接论述：

> 七日戒，三日斋，承一人焉以为尸。过之者趋走，以教敬也；醴酒在室，醍酒在堂，澄酒在下，示民不淫也；尸饮三，众宾饮一，示民有上下；因其酒肉，聚其宗族，以教民睦也。故堂上观乎室，堂下观乎上。

孔子所最看重的“丧祭”酒礼中，从上到下也贯穿着微言大义与教化精神。

孔子还说过：“沽酒市脯，不食。”《汉书》颜注：“酒酤在民，薄恶不诚，以是疑而弗食。”《论语》朱注：“恐不精洁，或伤人也。”孔子是按酒德的精神提倡洁净。

孔子在《论语·乡党》中还说：“乡人饮酒，杖者出，斯出矣。”朱注：“六十杖于乡。未出不敢先，既出不敢后。”这里又是按酒德精神提倡尊老尚贤。

二、尊老尚贤

唐代学者孔颖达《礼记正义》认为，周代的乡饮酒礼并非只有三年大比、宾兴贤能的一类，还有另一种类型的饮酒礼，如州长在每年春、秋举行射礼之前而举行的饮酒礼；又如党正在每年十二月大蜡祭时在党中举行的饮酒礼。它们虽然是州、党行政长官主持的饮酒礼，但州、党同为乡的属地，所以也称为乡饮酒礼。

两类乡饮酒礼的仪节基本相同，不同之处是，上面提到的乡饮酒礼的宗旨是宾兴贤能，所以宾、介、众宾之长都是根据德行道义选定的青年后学；后一类乡饮酒礼不然，其主旨是序正齿位，提倡尊老养老的风气，所以宾、介、众宾之长都由老迈年高者担任，其余的老人为众宾。六十岁以上的老人都在堂上就座。正宾以下的老者，依次排在正宾的右侧（西侧）面朝南而坐，如果人数比较多，可以折而往南坐，面朝东。六十岁以上的老者可以坐着饮酒，五十岁的只能在堂下面朝北而立，听凭差遣。《礼记·乡饮酒义》说“所以明尊长也”，是为了倡导尊敬长者的风气。

中国自古有尊老、养老的传统。所谓“养老”，是用酒食招待老人的礼仪。年龄越大，身体越差，《礼记·王制》说：“五十始衰，六十非肉不饱，七十非帛不暖，八十非人不暖，九十虽得人不暖矣。”人到五十岁就开始衰老；到六十岁，不吃肉食就觉得没吃饱；到七十岁，不穿丝帛就觉得不暖和；到八十岁，没有人伴睡就觉得不暖和；到九十岁，即使有人伴睡也不觉得暖和了。因此，《礼记·王制》说，必须在饮食上对老人有所优礼，五十岁的人可以吃细粮，六十岁的人有严格预备的肉食，七十岁的人每餐应该有两个好菜，八十岁的人应该常吃美食，九十岁的人饮食都在寝室，偶尔外出，侍从应该携带酒浆以应不时之需。

老人在生活上还可以享受各种优待。《礼记·王制》说，七十岁的官员朝见国君后就可以告退，不必等到朝仪结束；八十岁的致仕官员，天子每月派人去存问；九十岁的致仕官员，天子每天派人馈赠食品。人到了五十岁就可以不服力役，六十岁就可以不服兵役，七十岁就可以不参加应酬宾客的活动，八十岁连斋戒、丧礼都可以不参加。

除了特殊的照顾之外，老人必须得到国家的关心。《礼记·王制》记载了虞夏商周四代的养老制度，四代养老礼的名称："有虞氏以燕礼，夏后氏以飨礼，殷人以食礼，周人修而兼用之。"一代比一代复杂和完善。四代的养老机构是："有虞氏养国老于上庠，养庶老于下庠；夏后氏养国老于东序，养庶老于西序。殷人养国老于右学，养庶老于左学。周人养国老于东胶，养庶老于虞庠。虞庠在国之西郊。"上庠、东序、右学、东胶，是国学，也是国家款待退休的卿大夫的地方；下庠、西序、左学、虞庠是小学，是款待退休的士和年老的平民的场所。

通过对《礼记·王制》的了解，我们就不难明白乡饮酒礼序正齿位的礼仪了。乡饮酒礼中除了六十者坐、五十者立的规定之外，还按照年龄的高低配设不等的豆数：六十岁者三豆，七十岁者四豆，八十岁者五豆，九十岁者六豆。豆内所盛，是奉养老人的食物。豆（上古对盛放食物的礼器的称呼）数不同，则所受到的奉养也不同，《乡饮酒义》说"所以明养老也"。中国有一句老话，叫作"在朝序爵，在乡序齿"。朝廷中以官爵大小为序，而民间不然，是以年齿为序，少不越长。乡饮酒礼正是要提倡尊老的风气。

乡饮图

《乡饮酒义》说："民知尊长养老，而后乃能入孝弟；民入孝弟，出尊长养老，而后成教；成教而后国可安也。"意思是说，参加了乡饮酒礼，人们就会懂得尊长养老的道理，回去之后就会有孝悌的行动。人们在家里懂得孝悌，出外懂得尊长养老，就能形成良好的风教。有了良好的社会风教，国家就安定了。儒家倡导伦理思想，而伦理思想的基础是孝悌。儒家提倡孝悌，不是用空洞的说教，而是"教之乡饮酒之礼，而孝弟之行立矣。"

两类乡饮酒礼的仪节，我们已经有了大致的了解，那么它究竟蕴含了怎样的礼仪呢？下面我们来回顾和分析主要仪节的内涵。

举行乡饮酒礼之日，主人只到宾和介家中迎接，而众宾则自行跟从宾来乡学；宾、介等到达庠门之外时，主人与他们行拜礼，对众宾只是拱手致意，这是因为他们的德行道义有高下之别，需要体现出其中“贵贱之义”。

主人与宾入门后，每逢拐弯处都要作揖，经过三次作揖来到各自的台阶前，又经过三次作揖谦让才上堂。上堂之后，彼此又有拜至、献酬等复杂的礼节。而主人与介饮酒的礼节就有所省略，主人与众宾饮酒的过程就更为简单。可见，对于德行道义高者礼数要隆，对于德行道义低者礼数要杀减，这是制礼者所要表明的“隆杀之义”。

乐宾时，堂上的乐工用瑟伴奏，演唱三首诗歌，唱毕，主人向他们献酒。接着，堂下的乐工吹奏三首诗歌，奏毕，主人向他们献酒；接着，堂上、堂下的乐工轮流交替，各演奏三首诗歌；最后，堂上、堂下合奏三套诗歌。正歌演奏结束，场上欢乐的气氛达到高潮。在旅酬开始前，先立司正监酒，以防止有人醉后失态，流于放肆，这就叫“和乐而不流”。

旅酬时，先是宾酬主人，然后是主人酬介，接着是介酬众宾，再往下则按照年龄的大小，依次而酬，一直到“沃洗者”，也就是协助宾主洗手洗爵的人。可见，乡饮酒礼能做到“弟长而无遗”，惠及于在场的每一个人。

旅酬之后，虽说是“无算爵”，但君子懂得“饮酒之节，朝不废朝，莫不废夕”的道理，早晨不会影响上朝，晚上不会影响夜间要处理的事务。所以，宾告辞出门，主人拜送，依然礼节秩然。可见，乡饮酒礼能做到“安燕而不乱”。

所以，《乡饮酒义》说：“贵贱明，隆杀辨，和乐而不流，弟长而无遗，安燕而不乱。此五行者，是足以正身安国矣。彼国安而天下安，故曰：‘吾观于乡，而知王道之易易也’”。整个乡饮酒礼，宾客的尊卑分明；礼数的高低有别；一乡之人快乐而不放肆；无论长幼都得到惠泽，没有人被遗忘；安乐而有秩序。做到这五条，就足以正身安国。能做到正身安国，天下也就安定了。

此外，乡饮酒礼还处处体现出君子之交的原则。例如，宾主入门后，彼此三揖、三让才登堂，这是君子交往时“尊让”的原则。主人献酒用的爵，尽管事先已经洗过，但在献酒前还要再次下堂洗涤；斟酒之前又要专门下堂洗手，这是君子相交时“洁净”的原则。献酒时，宾主之间又有拜至、拜洗、拜受、拜送、拜既等仪节，这是君子相交时“恭敬”的原则。《乡饮酒义》说：“君子尊让则不争，洁敬则不慢。不慢不争，则远于斗辨矣，不斗辨，则无暴乱之祸矣。”彼此懂得尊让，就不会争斗；懂得用洁和敬的态度与人相交，就不会怠慢他人。不与人争斗，不怠慢他人，就能远离斗辨，与暴乱无缘。

乡饮酒礼名为饮酒，其实旨在教化，这往往在一些看似不经意的地方表现出来。例如，宾在食前祭祀之后尝酒，一定要移到座席的末端，而不敢在座席的正中进行，因为座席的正中之位是为行礼而设的，而不是为饮食而设的。因此，在席末啐酒，含有“贵礼而贱财”的意思。宾的移席有示范的意义，意在使“民作敬让而不争”。

唐代开成石经《礼记·乡饮酒义》部分

《乡饮酒义》还说，宾主以仁义相接，堂上的俎豆有一定之数，就是“圣”。以圣为基础，持之以敬，就是“礼”。用礼来体现长幼之道，就是“德”。所谓德，就是得于自身。研究德行道义，就是要使自己在身心上有所得，所以，圣人努力践行这种隐含仁义道德的宾主之礼。

儒家的教化之道，主要在于尊贤和养老。尊贤是治国之本，养老是安邦之本，而乡饮酒礼兼有尊贤和养老两义，孔子如此重视它，不正是在情理之中吗？

三、酒以成礼

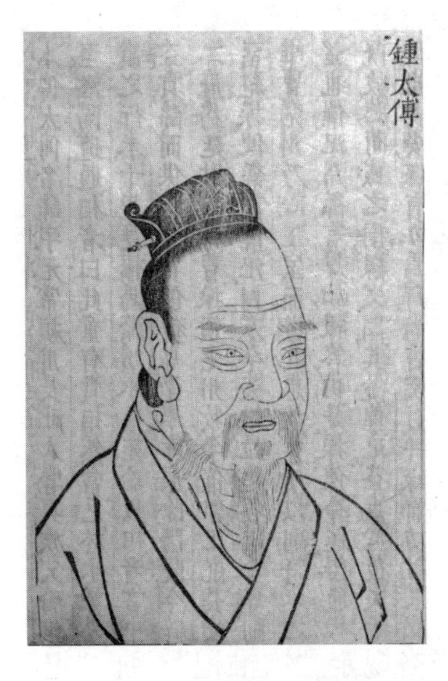

《古今君臣图鉴》钟繇像

酒礼是饮酒的礼仪、礼节，我国自古有“酒以成礼”之说。《左传》云：“君子曰：‘酒以成礼，不继以淫，义也。以君成礼，弗纳于淫，仁也。’”“酒以成礼”，则佐礼之成，源于古俗古义。史前时代，酒产量极少，又难以掌握技术，因此先民平时不得饮酒。只有当崇拜祭祀的重大观庆典礼之时，才可依一定规矩分饮。饮必先献于鬼神。饮酒，同神鬼相接，同重大热烈、庄严神秘的祭祀庆典相连，成为“礼”的一部分，是“礼”的演示的重要程序，是“礼”得以成立的重要依据和礼完成的重要手段。周公就曾严厉告诫臣属“饮惟祀，德将无醉”。只有祭祀时才可以喝酒，而且绝不允许喝醉。酒，在先民看来，与祭祀活动一样，都具有极其神秘庄严的特点。

酿酒只是为了用于祭祀，表示下民对上天的感激与崇敬。若违背了这一宗旨，下民自行饮用起来，即成莫大罪过。个人如此则丧乱行德，邦国如此则败乱绝祀。这就是“酒为祭不主饮”的道理。

饮酒之前要行礼拜之礼，《世说新语》有两则内容，讲到东汉大文人孔融和钟繇家里饮酒前要行拜礼——

> 孔文举有二子，大者六岁，小者五岁。昼日父眠，小者床头盗酒饮之，大儿谓曰："何以不拜？"答曰："偷，那得行礼！"
>
> 钟毓兄弟小时，值父昼寝，因共偷服药酒。其父时觉，且托寐以观之。毓拜而后饮，会饮而不拜。既而问毓何以拜，毓曰："酒以成礼，不敢不拜。"又问会何以不拜，会曰："偷本非礼，所以不拜。"

尔后，由于政治的分散、权力的下移、经济文化的发展变化，酒的观念和风气也发生很大改变，约束和恐惧都极大地松弛淡化了。于是，"拜"便是象征性的了。即使最初严格规定"饮惟祀"，那"祀"所礼拜的便是天、地、鬼（祖先）、神。而这种酒祀，在三代以后虽然仍保留在礼拜鬼神的祭典中，可非祀的饮酒却大量存在了。

于是，饮酒逐渐演变成一套象征性的仪式和可行的礼节。饮前先"拜"，"拜"而后饮，就是这种象征性的仪式，表示饮者不忘先王圣训的德义，仍将循从"无醉"的先诫。至于是否真的"无醉"，就另当别论了。而可行的礼节还是要遵循的，尤其是在特定的礼仪或严肃的宴饮场合更应如此。后世的酒礼多偏重于宴会规矩，如发柬、恭迎、让座、斟酒、敬酒、祝酒、致谢、道别等，将礼仪规范融注在觥筹交错之中，使宴会既欢愉又节制，既洒脱又文雅，不失秩序，不失分寸。中国历史悠久，地域辽阔，文化构成复杂，在不同的风俗人情影响下，各时代、各地方、各民族的酒礼有着不同的表现形式和特点。

在中国古代先哲看来，万物之有无生死变化皆有其“道”，人的各种心理、情绪、意念、主张、行为亦皆有“道”。饮酒也就自然有酒道。中国古代酒道的根本要求就是“中和”二字。“喜怒哀乐之未发，谓之中”，即酒无嗜饮，也就是庄子的“无累”，无所贪酒。“发而皆中节”，有酒，可饮，亦能饮，但饮而不过，饮而不贪，饮似若未饮，绝不及乱，故谓之“和”。和，是平和谐调，不偏不倚，无过无不及。这就是说，酒要饮到不影响身心，不影响正常生活和思维规范的程度最好，要以不产生任何消极的身心影响与后果为度。对酒道的理解，不仅着眼于既饮而后的效果，还贯穿于酒事的自始至终。“庶民以为饮，君子以为礼。”（邹阳《酒赋》）合乎“礼”，就是酒道的基本原则。但“礼”并不是超越时空永恒不变的，随着历史的发展，时代的变迁，礼的规范也在不断变化中。在“礼”的淡化与转化中，“道”却没有淡化，相反的更趋于实际和科学化。

于是，由传统“饮惟祀”的对天地鬼神的诚敬转化为对尊者、长者之敬，对客人之敬。儒家思想是悦敬朋友的，孔子就说过：“有朋自远方来，不亦乐乎！”以美酒表达悦敬并请客人先饮（或与客同饮，但不得先客人而饮）是不为过的。贵族政治时代，是很讲尊卑、长幼、亲疏礼分的，因此在宴享座位的确定和饮酒的顺序上都不能乱了先尊长后卑幼的名分。民主时代虽已否定等级，但是中华民族尊上敬老的文化与心理传统却根深蒂固，饮酒时礼让长者、尊者仍成习惯。不过，这已经不是严格的尊长“饮讫”之后，他人才依次饮讫的顺序了，而是体现出对尊长的礼让、谦恭、尊敬。既是“敬”，便不可“强酒”，随各人之所愿，尽各人之所能，酒事活动充分体现一个“尽其欢”的“欢”字。这个欢是欢快，愉悦之意，而非欢声雷动、手舞足蹈。无论是聚饮的示敬、贺庆、联谊，还是独酌的悦性，都循从一个不“被酒”的原则，即饮不过量。既不贪杯，也不耽于酒，仍是传统的“中和”，可以理解为一个“宜”字。这样，源于古“礼”的传统酒道，似乎用以上“敬”“欢”“宜”三个字便可以概括无遗了。

酒德最早见于《尚书》和《诗经》，其含义是说饮酒者要有德行，不能像商纣王那样“颠覆厥德，荒湛于酒”。《尚书·酒诰》中集中体现了儒家的酒德，这就是：“饮惟祀”（只有在祭祀时才能饮酒）；“无彝酒”（不要经常饮酒，平常少饮酒，以节约粮食，只有在有病时才宜饮酒）；“执群饮”（禁止民众聚众饮酒）；“禁沉湎”（禁止饮酒过度）。儒家并不反对饮酒，用酒祭祀敬神，养老奉宾，都是德行。

饮酒作为一种食的文化，在远古时代就形成了一套大家必须遵守的礼节，有时这种礼节还非常烦琐。如果在一些重要的场合不遵守，就有犯上作乱的嫌疑。又因为饮酒过量，便不能自制，容易生乱，制定饮酒礼节就很重要。明代的袁宏道，看到酒徒在饮酒时不遵守酒礼，深感长辈有责任，于是从古代的书籍中采集了大量的资料，专门写了一篇《觞政》。这虽然是为饮酒行令者写的，但对于一般的饮酒者也有一定的意义。

我国古代饮酒有以下一些礼节：

主人和宾客一起饮酒时，要相互跪拜。晚辈在长辈面前饮酒，叫侍饮，通常要先行跪拜礼，然后坐入次席。长辈命晚辈饮酒，晚辈才可举杯；长辈酒杯中的酒尚未饮完，晚辈也不能先饮尽。

古代饮酒的礼仪约有四步：拜、祭、啐、卒爵。就是先做出拜的动作，表示敬意，接着把酒倒出一点在地上，祭谢大地生养之德；然后尝尝酒味，并加以赞扬令主人高兴；最后仰杯而尽。

在酒宴上，主人要向客人敬酒（叫酬），客人要回敬主人（叫酢），敬酒时还有说上几句敬酒辞。客人之间相互也可敬酒（叫旅酬）。有时还要依次向人敬酒（叫行酒）。敬酒时，敬酒的人和被敬酒的人都要“避席”起立。普通敬酒以三杯为度。

在中华民族大家庭的五十六个民族中，除了信奉伊斯兰教的回族一般不饮酒外，其他民族都是饮酒的，并且都有独特的风格。远在三千多年前，我们祖先就充分注意到饮食所具有的特殊的亲和作用，并且用来调节人际关系了。《诗经·郑风·缁衣》中就有这样的描述：“适子之馆兮，还予授子之粲兮。”翻译成今天的话，就是“到你住的地方去看望你，回来我还得请你吃一顿”。大家熟知的北朝民歌《木兰辞》写木兰从军十二载，凯旋归家时，她弟弟首先想到的并不是献上鲜花，或扑上去拥抱亲吻，而是独自一边“磨刀霍霍向猪羊”，紧接着操办接风酒席。在我们看来，再没有比这样的欢迎更实诚的了。

第五章 酒之令

酒与人类的精神物质生活结下了不解之缘，也因此形成了独特的“酒俗”和“酒仪”。人的体质性情不同，酒性酒量毕竟有别，有嗜之如命者，有浅尝辄止者，有沾唇即醉者。日相为伍，便见两难。这使素以“礼仪之邦”自豪的国人也大感困惑，宋时就有人云：“凡与亲朋相与，必以顺适其意为敬，惟劝酒必欲拂其意，逆其情，多方以强之百计以苦之，则何也。而受之者虽觉其苦，亦不以为怪，而且以为主人之深爱，又何也？”(《遁翁随笔》) 如何于“劝酒为敬”的习俗中加以变通，以便宾主俱欢，是酒令产生的一个原因。

说起来，酒令恰恰能发挥酒之所长，又抑制酒之所短。酒令也称行令饮酒，是酒席上饮酒时助兴劝饮的一种游戏。通常情况是推一人为令官，余者听令，按一定的规则，或猜拳，或猜枚，或巧编文句，或进行其他游艺活动，负者、违令者、不能完成者，罚饮；若遇同喜可庆之事项时，则共贺之，谓之劝饮，含奖勉之意。相对地讲，酒令是一种公平的劝酒手段，可避免恃强凌弱，多人联手算计人的场面，人们凭的是智慧和运气。酒令也是酒礼施行的重要手段。

清代行酒令图

酒是含有乙醇的饮料。从生理上来说，酒精进入人体后，有一个被肝脏缓慢吸收的过程。因而急饮易醉，多饮易病。饮不能过急，既饮之后，亦须有一段使酒力“发散”的时间。而发散之二途，无非是“侃”与“行乐”。俗云：“酒逢知己千杯少”，是因为知己间有聊不完的话题，摆不完的龙门阵，则利于酒力吸收，酒性发散。尤其是文人士大夫聚会，所知既多，话题亦泛，久而久之，遂成风习。故冯梦龙曾引宋人语云：“酒饭肠不用古今浇灌，则俗气熏蒸。”（《太平广记钞·小引》）如饮酒而无发散之途，最易伤身。酒令则是集“侃”与“行乐”为一身，变化无穷，而且又简便易行的娱乐性发散形式，所以便于流行。

另外，酒又作用于人的神经系统，适量饮酒，则人易进入兴奋状态。这自然会导致两种相关的思维倾向：一是思维敏捷，想象丰富，精神焕发，富于创造。二是血脉偾张，胆气敦豪，逞勇争胜之举，豪壮激奋之语，遂纷至沓来。俗云："酒后吐真言"，"酒后露真相"，这其实是饮酒激发出人们潜意识中的种种心理，往往一反常态，言平素所不敢言，为平素所不敢为，甚至做出违法犯罪的事情。所以古人有着在饮酒场合中"苦劝""争执""恶谑""喷秽""骂座"等行为为忌的警戒，而带有竞技性质的酒令，正是将人们潜意识中的争强好胜之心，引导入富于创造精神的活动中来，从而减少甚至避免了饮酒后的有害冲动。

酒令的产生可上溯到东周时代。有一句成语叫"画蛇添足"，载于《战国策》：

> 楚有祠者，赐其舍人卮酒。舍人相谓曰："数人饮之不足，一人饮之有余。请画地为蛇，先成者饮酒。"一人蛇先成，引酒且饮之，乃左手持卮，右手画蛇，曰："吾能为之足。"未成，一人之蛇成，夺其卮曰："蛇固无足，子安能为之足？"遂饮其酒。为蛇足者，终亡其酒。

意思是：楚国有个贵族，祭过祖宗以后，把一壶祭酒赏给前来帮忙的门客。门客们互相商量说："这壶酒大家都来喝则不够，一个人喝则有余。让咱们各自在地上比赛画蛇，谁先画好，谁就喝这壶酒。"

有一个人最先把蛇画好了，端起酒壶正要喝。他得意扬扬地左手拿着酒壶，右手继续画蛇，说："我能够再给它添上几只脚呢！"可是没等他把脚画完，另一个人已把蛇画完了。那人把酒壶抢过去，说："蛇本来是没有脚的，你怎么能给它添脚呢！"说罢，便把壶中的酒喝了下去。那个给蛇添脚的人，终于失掉了到嘴的那壶酒……

这其实就是一则最古老的酒令故事。《战国策》是西汉刘向根据战国末年开始编订的有关游说之士言行和各种小册子总纂而成的，故此酒令的出现，距今已有2100多年的历史。据《韩诗外传》中记载："齐桓公置酒令曰：'后者罚一经程！'管仲后，当饮一经程，而弃其斗，曰：'与其弃身，不宁弃酒乎'。"齐桓公和管仲为东周初年人，这表明距今2600多年前已有了酒令的名称。东汉时期还出现了贾逵编纂的《酒令》专著。

酒令由来已久，开始时可能是为了维持酒席上的秩序而设立"监"。汉代有了"觞政"，就是在酒宴上执行觞令，对不饮尽杯中酒的人实行某种处罚。在远古时代就有了射礼，为宴饮而设的称为"燕射"。即通过射箭，决定胜负。负者饮酒。古人还有一种被称为投壶的饮酒习俗，源于西周时期的射礼。酒宴上设一壶，宾客依次将箭向壶内投去，以投入壶内多者为胜，负者受罚饮酒。《红楼梦》第四十回中鸳鸯吃了一盅酒，笑着说："酒令大如军令，不论尊卑，惟我是主，违了我的话，是要受罚的。"总的说来，酒令是用来罚酒的。但实行酒令最主要的目的是活跃饮酒时的气氛。何况酒席上有时坐的都是客人，互不认识是很常见的，行令就像催化剂，顿使酒席上的气氛活跃起来。

当代　投壶图（徐乐乐　作）

帝王将相饮酒时有专职负责赏罚的监酒官，古已有之。《资治通鉴》就记载了这样一个关于监酒的故事：

> 是时，诸吕擅权用事，朱虚侯章，年二十，有气力，忿刘氏不得职。尝入侍太后燕饮，太后令章为酒吏。章自请曰："臣将种也，请得以军法行酒。"太后曰："可。"酒酣，章请为《耕田歌》；太后许之，章曰："深耕穊（jì）种，立苗欲疏，非其种者，锄而去之！"太后默然。顷之，诸吕有一人醉，亡酒，章追，拔剑斩之而还，报曰："有亡酒一人，臣谨行法斩之！"太后左右皆大惊，业已许其军法，无以罪也；因罢。自是之后，诸吕惮朱虚侯，虽大臣皆依朱虚侯，刘氏为益强。

意思是：汉高祖刘邦死后，吕后及其家族把持朝政。刘邦后代朱虚侯刘章年方二十，身强力壮，对刘氏宗室不能执掌政权心怀不满。

他曾经在后宫侍奉吕后参加酒宴，太后令刘章为监酒官。刘章自己请求说："我本是将门之后，请太后允许我按军法监酒。"吕后回答："可以。"酒酣之时，刘章请求吟唱一首《耕田歌》，太后准许。刘章吟唱道："深耕播种，株距要疏；不是同种，挥锄铲除！"吕后知其歌中所指，默然无语。一会儿，参加宴席的诸吕中有一人醉酒，避席离去。刘章追上来，拔剑斩了此人，还报吕后说："有一人逃酒而走，我以军法将他处斩！"举座大吃一惊，但因已同意他以军法监酒，也就无法将他治罪，只好散场。从此之后，诸吕都很惧怕朱虚侯刘章，即便是朝廷大臣也都要倚重他，刘氏宗室的势力由此而增强。

酒令起源于儒家"礼"，为喝酒时助兴娱乐的方式。大约从唐代起，酒令开始在社会上盛行，此后经宋、元、明、清代得以发展。酒令的形式多样，随饮者的身份、文化水平和趣味的不同而不同，大致可分为游戏令、赌赛令和文字令三种，都可以即兴创造和自由发挥。酒令是中国特有的一种酒文化，恰好能够"发乎情，止乎礼"，同时又能调节现场气氛，人际关系，酒量大小，喝酒顺序……总之，它不单是儒家礼仪观念的代表，还是中国很多游戏、游艺以至文学艺术创造的灵感源泉。

最早的酒令有投壶、掷骰等几种。

投壶。投壶是从"六艺"中的"射"演变过来的。因为宴会的场所狭小，不可能设靶射箭，所以，用壶替代靶，用短矢代替长箭。可见，投壶之戏，还是源于儒家的"礼"。参加投壶的宾主，包括侍从，都要受礼的约束："毋怃、毋敖、毋偝立、毋锦言"，是指不能怠慢、不可傲慢、不得背立、不准谈论他事；否则，也要受到惩罚。

投壶用的壶是一个小口径的瓶子。酒宴时，宾主依次取箭在同样的距离向壶中投掷、中者为胜，可以罚不中者饮酒。按照《礼记》介绍，投壶的礼节很烦琐。投壶之前，主客之间要请让三次才能进行。投壶时，专有管计数的人面东而立，如果主人投中一次，就从装着记数的竹签的器皿里抽出一支，丢在南面。如果客人投中一次，就把竹签丢在北面，最后由记数的人根据双方在南、北两地面上得竹签的多少来计算胜负。两签叫“纯”，一签叫“奇”。举例说，如果主人共得十支签，报数时称“五纯”；如果客人共得九支签，报数时称“九奇”；结果，主人胜客人“一奇”。如果双方得签数相等，叫作“均”，报数时称“左右均”。

东汉投壶画像石

在流传至今的南阳汉代画像石刻中，有一幅投壶图，生动地再现了古代投壶场面。图中左侧第二人执朴（木棒），就是司射（相当于酒监）。他除了指挥投壶之外，还负责处罚投壶时犯规之人。倘若投壶时，误中旁观者或侍从，司射也要用木棒教训他。上图中左侧第一人，想必是犯规之人——他的头部画得特别大，脸部线条扭曲，嘴巴歪斜，露出一副受责前的尴尬相。投壶侑酒，两汉六朝时极为普遍，是当时最常行的酒令。唐宋以后才逐渐衰歇，只有少数人使用。

骰子。骰子是边长约为五毫米的正立方体，用兽骨、塑料、玉石等制成，白色，共有六个面，每面分别镂上一、二、三、四、五、六数目不等的圆形凹坑，酒宴席上常用它行酒令。骰子的四点涂红色（近世幺点亦涂红色），其余皆涂黑色。将骰子握在手中，投之于盘，令其旋转，或将骰子放在骰盘内，盖上盖子摇。等它停下，按游戏规则，以所见之色点定胜负，故又称色子。

骰子一开始是双陆棋中必不可少的博具，后来由于酒徒们的偏爱，从双陆博戏中游离出来，成为唐代酒令的三人组成部分之一。以骰子来行令，有时用一枚，有时用多枚，最多的可达六枚。此令简便快速，带有很大的偶然性，不需要什么技巧，特别受豪饮者欢迎。骰令名目繁多，方法多样。

如“猜点令”：令官用骰筒以两枚骰子摇。摇毕置于桌上，秘而不宣。全席间一人猜所得之点数。猜毕，当众开启摇筒数点。不中，猜者自饮一杯；中，则令官饮一杯。“六顺令”：合席用一枚骰子轮摇，每人每次摇六回，边摇边说令辞，曰：一摇自饮幺，无幺两邻挑；二摇自饮两，无两敬席长；三摇自饮川，无川对面端；四摇自饮红，无红奉主翁；五摇自饮梅，无梅任我为；六摇自饮全，非全饮少年。“事事如意取十六令”：合席用四枚骰子轻掷。以总点数计得十六点者免饮，少于十六点自饮，多于十六点对家饮，所饮杯数，以多于或少于十六点数为准。

《红楼梦》第六十三回《寿怡红群芳开夜宴　死金丹独艳理亲丧》

也有涉及：

> 黛玉一掷，是个十八点，便该湘云掣。湘云笑着，揎拳掳袖的伸手掣了一根出来。大家看时，一面画着一枝海棠，题着“香梦沉酣”四字，那面诗道是：
>
> 只恐夜深花睡去。
>
> 黛玉笑道：“‘夜深’两个字，改‘石凉’两个字。”众人便知他趣白日间湘云醉卧的事，都笑了。湘云笑指那自行船与黛玉看，又说：“快坐上那船家去罢，别多话了。”众人都笑了。因看注云：“既云‘香梦沉酣’，掣此签者不便饮酒，只令上下二家各饮一杯。”湘云拍手笑道：“阿弥陀佛，真真好签！”恰好黛玉是上家，宝玉是下家。二人斟了两杯只得要饮。宝玉先饮了半杯，瞅人不见，递与芳官，端起来便一扬脖。黛玉只管和人说话，将酒全折在漱盂内了。湘云便绰起骰子来一掷个九点，数去该麝月。……

后来的酒令向群体游戏发展，比如，大家都熟悉的传花。用花一朵，或可用其他如手帕等代替。令官蒙上眼，将花传给旁座一人，依次顺递，迅速传给旁座。令官喊停，持花未传出的一人罚酒。这个罚酒者就有权充当下一轮的令官。也有用鼓声伴奏的，称“击鼓传花令”。令官拿花枝在手，使人于屏后击鼓，座客以次传递花枝，鼓声止而花枝在手者饮。以《红楼梦》第五十四回《史太君破陈腐旧套　王熙凤效戏彩斑衣》为例，看看古人的传花：

当下贾蓉夫妻二人捧酒一巡，凤姐儿因见贾母十分高兴，便笑道："趁着女先儿们在这里，不如叫他们击鼓，咱们传梅，行一个'春喜上眉梢'的令如何？"贾母笑道："这是个好令，正对时对景。"忙命人取了一面黑漆铜钉花腔令鼓来，与女先儿们击着，席上取了一枝红梅。贾母笑道："若到谁手里住了，吃一杯，也要说个什么才好。"凤姐儿笑道："依我说，谁象老祖宗要什么有什么呢。我们这不会的，岂不没意思。依我说也要雅俗共赏，不如谁输了谁说个笑话罢。"众人听了，都知道他素日善说笑话，最是他肚内有无限的新鲜趣谈。今儿如此说，不但在席的诸人喜欢，连地下伏侍的老小人等无不喜欢。那小丫头子们都忙出去，找姐唤妹的告诉他们："快来听，二奶奶又说笑话儿了。"众丫头子们便挤了一屋子。于是戏完乐罢。贾母命将些汤点果菜与文官等吃去，便命响鼓。那女先儿们皆是惯的，或紧或慢，或如残漏之滴，或如迸豆之疾，或如惊马之乱驰，或如疾电之光而忽暗。其鼓声慢，传梅亦慢，鼓声疾，传梅亦疾。恰恰至贾母手中，鼓声忽住。大家呵呵一笑，贾蓉忙上来斟了一杯。众人都笑道："自然老太太先喜了，我们才托赖些喜。"贾母笑道："这酒也罢了，只是这笑话倒有些个难说。"……

传花可能源自曲水流觞。曲水流觞是古人所行的一种带有迷信色彩的饮酒娱乐活动。我国古代最有名的流觞活动，要算晋永和九年（353）三月三日在绍兴兰亭举行的一次。大书法家王羲之与群贤聚会于九典水池之滨，各人在岸边择处席地而坐。在水之上游放置一盏酒杯，任其漂流曲转而下，酒杯停在谁的面前，谁就要取饮吟诗。千古流传的名帖《兰亭序》就是为这次活动而写。后来，也有人用花来代替杯，用顺序传递来象征流动的曲水。传花过程中，以鼓击点，鼓声止，传花亦止。花停在谁的手上，犹如漂浮的酒杯停在谁的前面，谁就被罚饮酒。

绍兴兰亭曲水流觞处

与曲水流觞相比，击鼓传花已是单纯的饮酒娱乐活动，它不受自然条件的限制，很适合在酒席宴上进行，宋代孙宗鉴《东皋杂录》中称，唐诗有“城头击鼓传花枝，席上搏拳握松子”的记载，可见唐代就已盛行击鼓传花的酒令。曲水流觞是一种很古老的民俗活动，后世不少酒令，都是由流觞脱胎变化出来的，堪称我国酒令之嚆矢。

唐代论语玉烛酒筹筒

文字酒令则是文人雅集的一种方式。文字酒令比较文雅，需要具有相当高的文化水准方可操作使用。它们大多是争奇斗巧的文字游戏，也是斗机智、逞才华、比试思维敏捷与否的智力比赛。当然，文人雅令也和其他酒令一样，目的是为了活跃饮酒气氛，求得宾主尽欢。射覆是比较古老的文字酒令，是谜语的一种。《红楼梦》第六十二回《憨湘云醉眠芍药茵　呆香菱情解石榴裙》对此做过描写：

平儿向内搅了一搅，用箸拈了一个出来，打开看，上写着“射覆”二字。宝钗笑道：“把个酒令的祖宗拈出来。‘射覆’从古有的，如今失了传，这是后人纂的，比一切的令都难。这里头倒有一半是不会的，不如毁了，另拈一个雅俗共赏的。”探春笑道：“既拈了出来，如何又毁。如今再拈一个，若是雅俗共赏的，便叫他们行去。咱们行这个。”说着又着袭人拈了一个，却是“拇战”。史湘云笑着说：“这个简断爽利，合了我的脾气。我不行这个‘射覆’，没的垂头丧气闷人，我只划拳去了。”探春道：“惟有他乱令，宝姐姐快罚他一钟。”宝钗不容分说，便灌湘云一杯。

探春道：“我吃一杯，我是令官，也不用宣，只听我分派。”命取了令骰令盆来，“从琴妹掷起，挨下掷去，对了点的二人射覆。”宝琴一掷，是个三，岫烟宝玉等皆掷的不对，直到香菱方掷了一个三。宝琴笑道：“只好室内生春，若说到外头去，可太没头绪了。”探春道：“自然。三次不中者罚一杯。你覆，他射。”宝琴想了一想，说了个“老”字。香菱原生于这令，一时想不到，满室满席都不见有与“老”字相连的成语。湘云先听了，便也乱看，忽见门斗上贴着“红香圃”三个字，便知宝琴覆的是“吾不如老圃”的“圃”字。见香菱射不着，众人击鼓又催，便悄悄的拉香菱，教他说“药”字。黛玉偏看见了，说“快罚他，又在那里私相传递呢。”哄的众人都知道了，忙又罚了一杯，恨的湘云拿筷子敲黛玉的手。于是罚了香菱一杯。……

文人雅士常用对诗或对对联、猜字或猜谜等方式来行酒令。对不出或猜不出要罚酒。《红楼梦》第二十八回《蒋玉菡情赠茜香罗　薛宝钗羞笼红麝串》是文字酒令的很好体现，小说写道：

宝玉笑道："听我说来：如此滥饮，易醉而无味。我先喝一大海，发一新令，有不遵者，连罚十大海，逐出席外与人斟酒。"冯紫英蒋玉菡等都道："有理，有理。"宝玉拿起海来一气饮干，说道："如今要说悲，愁，喜，乐四字，却要说出女儿来，还要注明这四字原故。说完了，饮门杯。酒面要唱一个新鲜时样曲子，酒底要席上生风一样东西，或古诗、旧对、《四书》《五经》成语。"薛蟠未等说完，先站起来拦道："我不来，别算我。这竟是捉弄我呢！"云儿也站起来，推他坐下，笑道："怕什么？这还亏你天天吃酒呢，难道你连我也不如！我回来还说呢。说是了，罢；不是了，不过罚上几杯，那里就醉死了。你如今一乱令，倒喝十大海，下去斟酒不成？"众人都拍手道妙。薛蟠听说无法，只得坐了。听宝玉说道："女儿悲，青春已大守空闺。女儿愁，悔教夫婿觅封侯。女儿喜，对镜晨妆颜色美。女儿乐，秋千架上春衫薄。"

众人听了，都道："说得有理。"薛蟠独扬着脸摇头说："不好，该罚！"众人问："如何该罚？"薛蟠道："他说的我通不懂，怎么不该罚？"云儿便拧他一把，笑道："你悄悄的想你的罢。回来说不出，又该罚了。"于是拿琵琶听宝玉唱道：

"滴不尽相思血泪抛红豆，开不完春柳春花满画楼，睡不稳纱窗风雨黄昏后，忘不了新愁与旧愁，咽不下玉粒金莼噎满喉，照不见菱花镜里形容瘦。展不开的眉头，捱不明的更漏。呀！恰便似遮不住的青山隐隐，流不断的绿水悠悠。"唱完，大家齐声喝彩，独薛蟠说无板。宝玉饮了门杯，便拈起一片梨来，说道："雨打梨花深闭门。"完了令。

酒令还可分雅令和通令。雅令的行令方法是：先推一人为令官，或出诗句，或出对子，其他人按首令之意续令，所续令必在内容与形式上相符，不然则被罚饮酒。行雅令时，必须引经据典，分韵联吟，当席构思，即席应对，这就要求行酒令者既有文采和才华，又要敏捷和机智，所以它是酒令中最能展示饮者才思的。《红楼梦》第四十回《史太君两宴大观园　金鸳鸯三宣牙牌令》写到刘姥姥逢场作戏，鸳鸯作令官的情景，描写的就是清代上层社会喝酒行雅令的风貌。

除了以上这些酒令方式，还有一种通俗的方式，便是下层民间常用的掷骰、抽签、划拳、猜数等。通令很容易造成酒宴中热闹的气氛，因此较流行。但通令掳拳奋臂，叫号喧争，有失风度，显得粗俗、单调、嘈杂。"拇战"一般叫"猜拳"，即用手的若干个手指的手姿代表某个数，两人出手后，相加后必等于某数，出手的同时，每人报一个数字，如果甲所说的数正好与加数之和相同，则算赢家，输者就得喝酒；如果两人说的数相同，则不计胜负，重新再来一次。

第六章 酒之宴

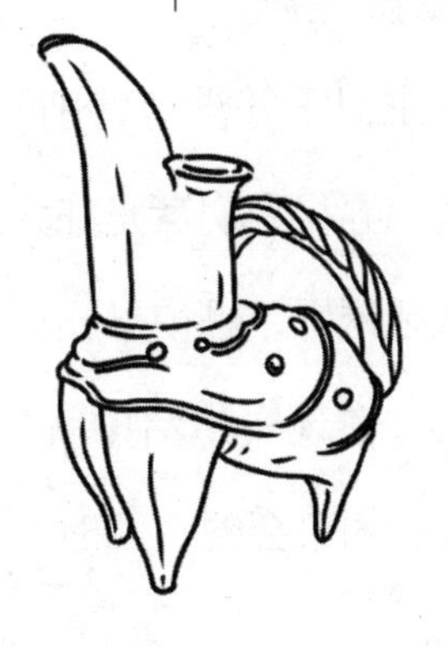

华夏大地，中国之所以会拥有世界上最为广泛丰富的食谱，自然和这片富饶的国土有着密切的关系。地域辽阔，物产丰富，动植物种类繁多，也造就了中华民族无所不包的食谱。而这食谱又大大推动了中华民族烹饪技艺的发展。

也许人们不易觉察，这种璀璨辉煌的文明背后，有着一部华夏民族怎样沉重悲壮的生存奋斗的历史。频繁发生的天灾和人祸，使得生长繁衍在这片土地上的人民总是在为嘴奔波，也因而生发出无与伦比的探索精神。自古以来，吃便是关系炎黄子孙国计民生的大问题。造物主似乎并没有特别厚爱生活在这片大地上的人民，接踵而至的灾祸，弄得人们老是在为生计奔忙。如果没有这无所不吃的勇气和一副铁牙钢胃，恐怕早已难保性命了。

在现实生活中就更明显了，举凡送往接迎、生辰寿诞、婚丧嫁娶、团聚会餐、四时节令、生意谈判、庆功贺喜、讲和道歉、密约幽会、国宴家宴……人际交往的任何活动，吃喝饮食都是中心议程之一。天下也因此成了不散的宴席。一旦滥用，大吃大喝的风气，也成为社会上屡禁不止的顽症痼疾。

西方先哲们似乎不大谈到饮食问题，中国圣贤却喜欢谈及这样的话题，告子说过“食色，性也”，孔子讲过“食不厌精，脍不厌细”“割不正不食”，孟子有“口之于味，有同嗜焉”的论断，颜之推“夫食为民天，民非食不生矣”……一直到“世界上什么问题最大？吃饭的问题最大”这样为人所尽知的名言。这些近乎大实话的切实言论，也证明着饮食在中国历史文化中的特殊分量。

由于中国人对饮食一直有独特的重视和理解，也产生了独特的、富有社会伦理色彩的饮食方式。中国最早一部有关礼仪的书籍《礼记·礼运》中就有“夫礼之初，始诸饮食”的记述，也就是说，中国的礼俗最初起源于饮食方面的规范。

尊老爱幼是中国的传统伦理准则之一。一家普通的中国人在就餐时，年龄最大的人会被首先安排就座，然后其他人才依次入座。可口的食品也首先照顾老人，同时还有孩子。这不仅仅是因为老人和小孩的嗜好和消化能力有相同之处，而且在餐桌上自然而然地形成了一个伦理的循环圈。

圆是中国人进餐的基本图形。中国人的正式宴会，从乾隆时代的“千叟宴”到今天的国庆招待会，以至亲朋聚会，合府团圆，都习惯采用圆形的台面，分宾分主，有主有次，紧挨密凑，团团围坐，同吃每一道菜，以示和合团圆。菜肴放置在中心位置，与每个入席者距离相当，又便于左右布菜，对面礼让，劝菜劝酒，说笑佐欢。既可与紧邻俯耳低语，又可对全桌高谈阔论，觥筹交错，起坐喧哗。在这其乐融融的氛围中，友谊、信任、理解、沟通都得到催化和升华了。进餐时的盘子、碗碟也基本上是圆形，而且很讲究对称，因为成双成对才能体现欢合之旨。

《紫光阁赐宴图卷》核心部分

中国有许多传统节日。在这些特殊的日子里，捧上一杯美酒，或与亲朋欢聚，或独自小酌，都别有一番意境与情调。

早在西周时期，人们为庆祝一年的丰收和新的一年的到来，就捧上美酒，抬着羔羊，聚在一起，高举角杯，同声祝贺，从此，开了过年饮酒的先河。到了汉代，“年”作为一个大节日逐渐定型。当时，正月初一的黎明，各级官吏都要到朝行贺年之礼。汉制规定，群臣入宫朝拜需要根据品位的高低带不同的礼品，皇帝也要设宴款待。县级以上的官员都可以参加。元、清两朝的蒙古、满两族入主中原后，也都积极汲取汉文化，极重新年朝贺之礼，把赐宴当作笼络人心的有效手段。

古时候人们在春节要喝的酒有两种，一种是“屠苏酒”，一种是“椒柏（bǎi）酒”，王安石的那首《元日》大家都很熟悉：“爆竹声中一岁除，春风送暖入屠苏。千门万户曈曈日，总把新桃换旧符。”据说这“屠苏”原是一座庵的名字。古时候有一个人住在屠苏庵中，每年除夕夜里，他都给邻里一包药，让人们将药放在井水中浸泡。新年来到时，再用这井水兑酒，合家欢饮，使全家人一年中都不会染上瘟疫，后人便将这草庵之名作为酒名。饮屠苏酒始于东汉，明代李时珍的《本草纲目》中就有这样的记载：“屠苏酒，陈延之《小品方》云，‘此华佗方也’。元旦饮之，辟疫疠一切不正之气。”仍以《红楼梦》为例，第五十三回《宁国府除夕祭宗祠　荣国府元宵开夜宴》中写道：

> 一面男一起，女一起，一起一起俱行过了礼。左右设下交椅，然后又按长幼挨次归坐受礼。两府男妇小厮丫鬟亦按差役上中下行礼毕，散押岁钱、荷包、金银锞，摆上合欢宴来，男东女西归坐，献屠苏酒、合欢汤、吉祥果、如意糕……

另外在除夕之夜要喝的还有一种“椒柏酒”，就是用椒花浸泡制成的酒，作用好像跟屠苏酒差不多。喝的时候，必须是从小至大，按照年纪来依次饮用。按照中国“长幼尊卑”的古礼应该是老人先喝，喝这酒怎么是先小后大呢？梁宗懔在《荆楚岁时记》中有这样的记载，“俗有岁首用椒酒，椒花芬香，故采花以贡樽。正月饮酒，先小者，以小者得岁，先酒贺之。老者失岁，故后与酒。”北周庾信在诗中写道：“正朝辟恶酒，新年长命杯。柏吐随铭主，椒花逐颂来。”说白了，就是让小辈们能长命百岁，表达这样一个美好的祝愿。

新年后面紧接着的是元宵节，也叫“上元节”。这个节日始于唐代，因为时间在农历正月十五，是三官大帝的生日，所以过去人们都向天官祈福，必用五牲、果品、酒来供祭。祭礼后，撤供，家人团聚畅饮一番，以祝贺新春佳节结束。另外，晚上还要观灯、看烟火、吃汤圆。那么，春节之后还有什么不能缺少美酒的节日呢？

中和节，又叫“春社日”，在农历二月初一，人们祭祀土神，祈求丰收，并有饮中和酒、宜春酒的习俗，说是可以医治耳疾，因而又称为“治聋酒”。据《广记》记载：“村舍作中和酒，祭勾芒种，以祈年谷。”还有清代陈梦雷纂的《古今图书集成·酒部》里边也说：“中和节，民间里闾酿酒，谓宜春酒。”

清明节大约在阳历 4 月 5 日前后，这段时间有扫墓、踏青的习俗，而且这个节日饮酒是不受限制的，这又是为什么呢？其实清明节之前还有个寒食节，这个节的习俗是大家都不起火，吃生冷食物。清明节饮酒有两种原因：一是寒食节期间，不能生火吃热食，只能吃凉食，饮酒可以增加热量；二是借酒来平缓或暂时麻醉人们哀悼亲人的心情。古人对清明饮酒赋诗较多，唐代白居易在诗中写道：“何处难忘酒，朱门羡少年。春分花发后，寒食月明前。”还有最著名的那首杜牧的《清明》：“清明时节雨纷纷，路上行人欲断魂。借问酒家何处有，牧童遥指杏花村。”

说完清明节就该端午节了，这端午节除了吃粽子之外，还有饮菖蒲酒、雄黄酒的习俗。据文献记载：唐代光启年间就有饮菖蒲酒的事例。菖蒲酒是我国传统的时令饮料，而且历代帝王也将它列为御膳时令香醪。明代刘若愚在《明宫史》中记载："初五日午时，饮朱砂、雄黄、菖蒲酒、吃粽子。"清代顾铁卿在《清嘉录》中也有记载："研雄黄末、屑蒲根，和酒以饮，谓之雄黄酒。"明代《本草纲目》、《普济方》及清代《清稗类钞》等古籍中，均载有此酒的配方及服法。不过雄黄有毒，现在人们已经不再用雄黄来兑制酒饮用了。

中秋节那更不用多说了，在中国古代诗词里，月亮、中秋和酒一直就是分不开的，缺一不可，这也是一个比较特别的文化现象。如苏轼的"明月几时有，把酒问青天"，李白的"举杯邀明月，对影成三人""唯愿当歌对酒时，月光长照金樽里"……

《红楼梦》第七十六回《凸碧堂品笛感凄清　凹晶馆联诗悲寂寞》对贾府中秋赏月饮宴有很长的描写：

> 王夫人笑道："今日得母子团圆，自比往年有趣。往年娘儿们虽多，终不似今年自己骨肉齐全的好。"贾母笑道："正是为此，所以才高兴拿大杯来吃酒。你们也换大杯才是。"邢夫人等只得换上大杯来。因夜深体乏，且不能胜酒，未免都有些倦意，无奈贾母兴犹未阑，只得陪饮。
>
> ……
>
> 这里贾母仍带众人赏了一回桂花，又入席换暖酒

来。正说着闲话，猛不防只听那壁厢桂花树下，呜呜咽咽，悠悠扬扬，吹出笛声来。趁着这明月清风，天空地净，真令人烦心顿解，万虑齐除，都肃然危坐，默默相赏。听约两盏茶时，方才止住，大家称赞不已。于是遂又斟上暖酒来。贾母笑道："果然可听么？"众人笑道："实在可听。我们也想不到这样，须得老太太带领着，我们也得开些心胸。"贾母道："这还不大好，须得拣那曲谱越慢的吹来越好。"说着，便将自己吃的一个内造瓜仁油松穰月饼，又命斟一大杯热酒，送给谱笛之人，慢慢的吃了再细细的吹一套来。媳妇们答应了，方送去，只见方才瞧贾赦的两个婆子回来了，说："右脚面上白肿了些，如今调服了药，疼的好些了，也不甚大关系。"贾母点头叹道："我也太操心。打紧说我偏心，我反这样。"因就将方才贾赦的笑话说与王夫人尤氏等听。王夫人等因笑劝道："这原是酒后大家说笑，不留心也是有的，岂有敢说老太太之理。老太太自当解释才是。"只见鸳鸯拿了软巾兜与大斗篷来，说："夜深了，恐露水下来，风吹了头，须要添了这个。坐坐也该歇了。"贾母道："偏今儿高兴，你又来催。难道我醉了不成，偏到天亮！"因命再斟酒来。一面戴上兜巾，披了斗篷，大家陪着又饮，说些笑话。只听桂花阴里，呜呜咽咽，袅袅悠悠，又发出一缕笛音来，果真比先越发凄凉。大家都寂然而坐。夜静月明，且笛声悲怨，贾母年老带酒之人，听此声音，不免有触于心，禁不住堕下泪来。众人彼此都不禁有凄凉寂寞之意，半日，方知贾母伤感，才忙转身陪笑，发语解释。又命暖酒，且住了笛。……

接着又一个离不开酒的节日就是重阳节，也就是农历的九月初九，这一天一般是要戴茱萸、登高，还要饮菊花酒。这又是怎么个来历？有什么特别的说法呢？重阳这天登高饮酒的习俗是从汉朝开始的。见于梁朝吴均的《续齐谐记》："汝南桓景随费长房游学累年，长房谓曰：'九月九日，汝家中当有灾。宜急去，令家人各作绛囊，盛茱萸，以系臂，登高饮菊花酒，此祸可除。'"自此以后，历代人们逢重九就要登高、赏菊、饮酒，至今不衰。明代医学家李时珍在《本草纲目》一书中说，常饮菊花酒可"治头风，明耳目，去痿痹，消百病""令人好颜色不老""令头不白""轻身耐老延年"等。

除了节日之外，还有一些特别的日子是非酒不可的，可以说人从生下来就跟酒有着不解之缘，几乎伴随着人的一生。为什么这么说呢？比如说孩子出生以后，先要喝"剃头酒"。孩子满月的时候要剃头，这时候家里要祀神祭祖，摆酒宴请，亲友们轮流抱过小孩，最后就坐在一起同喝"剃头酒"。

绍兴老陈"女儿红"

等孩子长到一周岁时，俗称

“得周”，这给孩子庆祝生日的酒席，就叫“得周酒”。在我国南方尤其是江浙一带，还有个很特别的习俗，就是喝“女儿酒”。“女儿酒”是家里有女儿出生后，家人就着手酿制的，通常贮藏在干燥的地窖中，或埋在泥土之下，也有打入夹墙之内的，直到女儿长大出嫁时，才挖出来请客或做陪嫁之用。这种酒在绍兴得到继承，发展成为著名的“花雕酒”，其酒质与一般的绍兴酒并无显著差别，主要是装酒的坛子独特。“女儿酒”的酒坛十分讲究，往往在土坯的时候就塑出各种花卉、人物等图案，等烧制出窖后，请画匠彩绘各种图画，在画面上方还有题词，或装饰图案，可填入“花好月圆”“五世其昌”“白首偕老”“万事如意”等吉祥祝语，以寄寓对新婚夫妇的美好祝愿。后来不光是生女儿要酿酒，生男孩时也酿酒，并在酒坛上涂以朱红，着意彩绘，并名之为“状元红”，意谓儿子具状元之才。

西汉青铜合卺杯

在结婚大喜的日子，还有一个跟酒特别有关系的仪式，就是新婚的小两口要喝“交杯酒”！喝过交杯酒之后呢，新婚夫妻就要风雨同舟，共同生活，因此这酒对人生具有特殊意义。所以当里面一对新人喝交杯酒时，外面闹房的亲友必须屏息静气，保持安静，不能随便打闹。

“交杯酒”是我国婚礼程序中的一个传统礼仪，在古代又称为“合卺（jǐn）”（卺的意思本来是一个瓠分成两个瓢），孔颖达解释为“以一瓠分为二瓢谓之卺，婿之与妇各执一片以酳（xǔ）”（酳，即以酒漱口）。合卺又引申为结婚的意思。在唐代即有“交杯酒”这一名称，到了宋代，在新婚仪式上，盛行用彩丝将两只酒杯相连，并绾成同心结之类的彩结，夫妻互饮一盏，或夫妻传饮。这种风俗在我国非常普遍，如在绍兴地区喝交杯酒时，由男方亲属中儿女双全、福气好的中年妇女主持。喝交杯酒前，先要给坐在床上的新郎新娘喂几颗小汤圆，然后斟上两盅花雕酒，分别给新婚夫妇各饮一口，再把这两盅酒混合，又分为两盅，取“我中有你，你中有我”之意。新郎新娘喝完酒后，向门外撒大把的喜糖，让外面围观的人群争抢。

满族人结婚时也要喝“交杯酒”。入夜，洞房花烛齐亮，新郎给新娘揭下盖头后要坐在新娘左边，娶亲太太捧着酒杯，先请新郎抿一口；送亲太太捧着酒杯，先请新娘抿一口；然后两位太太将酒杯交换，请新郎新娘再各抿一口。婚礼后还有“谢亲席”：将烹制好的一桌酒席置于特制的礼盒中，由两人抬着送到女家，以表示对亲家养育了女儿给自家做媳妇的感谢之情。另外，还要做一桌“谢媒席”，用圆笼装上，由一人挑上送到媒人家，表示对媒人成全好事的感激之情。

每年过生日的时候，人们也是要举杯庆祝的。尤其是上了年纪的老人，逢到整岁数的时候，比如五十大寿、六十大寿，甚至八十大寿的时候，大家更是要喝寿酒为老人祝寿。人生逢十为寿，办寿酒，这似乎已成定规。在绍兴，寿酒十分讲究，民谚曰："十岁做寿外婆家，廿岁做寿丈姆家，三十岁要做，四十岁要叉（开），五十自己做，六十儿孙做，七十、八十开贺……"另外还有一个也得提一提，就是"丧酒"，也叫白事酒。在我国的很多地方，长寿仙逝都被称作"白喜事"。家里老人寿终正寝办完丧事之后，还要请大家吃饭喝酒，菜肴基本以素斋为主，酒也叫素酒。

《红楼梦》第六十三回《寿怡红群芳开夜宴　死金丹独艳理亲丧》写的是贾宝玉过生日时的酒宴：

> 话说宝玉回至房中洗手，因与袭人商议："晚间吃酒，大家取乐，不可拘泥。如今吃什么，好早说给他们备办去。"袭人笑道："你放心，我和晴雯、麝月、秋纹四个人，每人五钱银子，共是二两。芳官、碧痕、小燕、四儿四个人，每人三钱银子，他们有假的不算，共是三两二钱银子，早已交给了柳嫂子，预备四十碟果子。我和平儿说了，已经抬了一坛好绍兴酒藏在那边了。我们八个人单替你过生日。"宝玉听了，喜的忙说："他们是那里的钱，不该叫他们出才是。"晴雯道："他们没钱，难道我们是有钱的！这原是各人的心。那

怕他偷的呢，只管领他们的情就是。”宝玉听了，笑说：“你说的是。”袭人笑道：“你一天不挨他两句硬话村你，你再过不去。”晴雯笑道：“你如今也学坏了，专会架桥拨火儿。”说着，大家都笑了。……

于是袭人为先，端在唇上吃了一口，余依次下去，一一吃过，大家方团圆坐定。小燕四儿因炕沿坐不下，便端了两张椅子，近炕放下。那四十个碟子，皆是一色白粉定窑的，不过只有小茶碟大，里面不过是山南海北，中原外国，或干或鲜，或水或陆，天下所有的酒馔果菜。……

黛玉却离桌远远的靠着靠背，因笑向宝钗、李纨、探春等道：“你们日日说人夜聚饮博，今儿我们自己也如此，以后怎么说人。”李纨笑道：“这有何妨。一年之中不过生日节间如此，并无夜夜如此，这倒也不怕。”……

关了门，大家复又行起令来。袭人等又用大钟斟了几钟，用盘攒了各样果菜与地下的老嬷嬷们吃。彼此有了三分酒，便猜拳赢唱小曲儿。那天已四更时分，老嬷嬷们一面明吃，一面暗偷，酒坛已罄，众人听了纳罕，方收拾盥漱睡觉。……

酒文化作为一种特殊的文化形式，在传统的中国文化中有独特的地位。在几千年的文明史中，酒几乎渗透到社会生活中的各个领域。首先，中国是一个以农立国的国家，因此一切政治、经济活动都以农业发展为立足点。而中国的酒，绝大多数是以粮食酿造的，酒紧紧依附于农业，成为农业经济的一部分。粮食生产的丰歉是酒业兴衰的晴雨表，各朝代统治者根据粮食的收成情况，通过发布酒禁或开禁，来调节酒的生产，从而确保民食。反过来，酒业的兴衰也反映了农业生产的状况，也是了解历史上天灾人祸的线索之一。在一些地区，酒业的繁荣对当地社会生活水平的提高起到了积极作用。酒与社会经济活动是密切相关的。汉武帝时期实行国家对酒的专卖政策以来，从酿酒业收取的专卖费或酒的专税就成为国家财政收入的主要来源之一。酒的赐晡令的发布，往往又与朝代变化、帝王更替及一些重大的皇室活动有关。总之，酒也是社会文明的标志之一。

第七章 酒之仙

一、饮宗孔子

要讲历代与酒有关的名人，排第一的不是别人，正是号称“万世师表”的孔老夫子。

但是，孔子与酒有何关系，又怎能位居酒仙之首呢？明朝袁宏道在《觞政·八之祭》中有一段话强调和突出了孔子在酒文化中的地位。“凡饮必祭所始，礼也。今祀宣父为酒圣。‘夫无量不及乱’，觞之祖也，是为饮宗”，这里袁宏道仅凭一句话，便把孔子称为“酒圣”“觞祖”“饮宗”，实有其独到的见解和精紧的概括。

请看《论语·乡党》中的整段文字：

食不厌精，脍不厌细。
食饐而餲，鱼馁而肉败，不食。
色恶，不食。

臭恶，不食。

失饪，不食。

不时，不食。

割不正，不食。

不得其酱，不食。

肉虽多，不使胜食气。

惟酒无量，不及乱。

沽酒市脯，不食。

不撤姜食，不多食。

祭于公，不宿肉。

祭肉不出三日。出三日，不食之矣。

食不语，寝不言。

虽疏食菜羹，瓜祭，必齐如也。

全文主要是针对饮食而言的。但是，“惟酒无量，不及乱。沽酒市脯，不食”这两句话与“割不正，不食”有明显的共同之处，即须遵循一定的规范。

孔子的语录集《论语》中多处记载与酒有关的言辞语录，尤其是酒为礼设的说教贯穿全书。

孔子在《礼记·礼运》中谈到酒和酒器的放置摆设时说：

故玄酒在室，醴盏在户，粢醍在堂，澄酒在下。陈其牺牲，备其鼎俎，列其琴瑟管磬钟鼓，修其祝嘏，以降上神与其先祖。

祭祀中的礼乐，酒品、器物的列放都应符合礼制的规范，有一种庄严和神秘的氛围，似乎已具有酒神精神的雏形。《礼记·礼运》中还记有孔子的话：“……盏斝及尸君，非礼也，是谓僭君。”孔子认为夏盏和殷都是先王用的酒器，只有周天子与鲁国君主祭天时才能用的酒器，后来诸侯也使用了，这都是不合礼法的，是“僭君”行为。《论语·雍也》中也有记述，孔子看到不符合周时的酒器“觚”，便发出了“觚不觚，觚哉？觚哉？”的叹息，意思是说现在的觚不像周时的觚，“这是觚吗？是觚吗？”的感叹疑问。也可理解为现在的礼已不像周礼了，你们还能标榜为礼吗？

在等级制度中，孔子的酒论也列入其中，如《论语·为政第二》载“有酒食，先生馔，曾是以为孝乎？”说白了就是有酒肉应先敬年长的。为什么一定会有先生可以敬呢？因为酒为礼而设，而举行这种仪式时，根据规定由长者主持，既然有长者则敬长者是礼仪的一部分，饮酒时当然须先敬长辈，这其中也不排斥在家中以礼待人时的举止。

如果我们通观《礼记·仪礼》，不难发现酒是与礼联系在一起的，是为礼而设的，只有在遵循礼仪、礼节时人们才可享用，只要不违反礼制、礼仪，能喝多少就喝多少。那种没有祭祀、没有礼仪时的随意饮酒是不合礼的。作为一代师长，则是不为的。所以他才说：“沽酒市脯，不食。”这并不是从市场上买来的酒和食物，孔子是不吃的，而是不符合礼法、不通过祭祀礼仪等形式，而直接从市场上买来的酒食不吃。其对学生和后人的教育一以贯之是为了实现孔子理想中的“礼治”社会。在《仪礼·乡饮酒礼》中详细地记录了当时对礼严格而谨慎的行为，从酒礼出发，通过酒食的摆设到如何按规定入座，如何举杯、举爵，如何敬祖、如何答礼到如何离席都作了明确的说明和要求。《乡射礼》前半部分也作了同样的要求。可见当时对执觥饮酒的烦琐礼节达到何种程度。

我们在提及酒文化时，还往往会从酒量上引用“尧舜千钟，孔子百觚”的说法。这里主要有两个出处，一是《孔丛子》一书中有“尧舜千钟，孔子百觚”，孔融《难曹公表制酒禁书》中有“尧非千钟，无以建太平；孔非百觚，无以堪上圣”。第一个出处是双方互相对豪饮的理解和举尊者的例子，意思互为相反。第二个出处是孔融为了反对曹操禁酒而举出圣贤的例子来镇唬曹操，似可信孰不可信。为何？孔子的孙子子思应该是比较了解其祖父的，而子思曾经说过：“夫子一饮，不能一升”，可见饮酒量不大。再观各大史籍，也无孔子饮酒的记载。可见孔子绝非好酒之徒，这更说明了孔子“惟酒无量，不及乱”是不独针对饮酒而言的。“沽酒不食”与“非礼勿动”才是孔子真正的酒论。

二、酒人九品

中国历史上酒事纷纭复杂，酒人五花八门，绝难统为简单品等。若依酒德、饮行、风藻而论，历代酒人似可略区分为上、中、下三等，等内又可分级，可谓三等九品。上等是“雅”“清”，即嗜酒为雅事，饮而神志清明。中等为“俗”“浊”，即耽于酒而沉俗流、气味平泛庸浊。下等是“恶”“污”，即酗酒无行、伤风败德，沉溺于恶秽。纵观一部数千年的中国酒文化史，以这一标准来评点归类，历史上的酒人名目大致如下：

《竹林七贤与荣启期》砖画中的阮籍

（1）上上品，可谓“酒圣”。比如李白。

（2）上中品，可谓“酒仙”。杜甫有《饮中八仙歌》，如贺知章、李琎、李适之、崔宗之、苏晋、张旭等人。

（3）上下品，可谓“酒贤”。东坡居士、袁宏道当属此类。

（4）中上品，当指“酒痴”。沉湎于酒，达到痴迷的地步。如东汉末年的蔡邕、晋人张翰。

（5）中中品，当指“酒狂”。晋人阮籍、刘伶等“竹林七贤”堪为代表。

（6）中下品，当指“酒荒”。为酒荒废正业，三国刘琰、晋人胡毋辅之、谢鲲等可视为同类。

（7）下上品，是“酒徒”辈。每饮必过，沉沦酒事，已属酒人下流。

（8）下中品，可以统称为“酒鬼”，嗜酒如命，饮酒忘命，酒后发狂，醉酒糊涂。

（9）下下品，“酒贼”。因酒败事，大则误国事，小则误公事或私家之事。

三、酒量排行

关于酒量，宋朝人赵崇绚在他的作品《续鸡肋》里有一个小统计：汉朝的廷尉于定国饮酒可至数石而不乱，大儒郑康成可饮一斛，卢植有一石的酒量，魏晋刘伶的酒量是一石五斗……古代著名的“酒仙”到底酒量如何？谁才是中国历史上酒量最大的人呢？

不过，古代的度量衡跟现在不一样，古代的酒也不能跟现在的高度白酒相提并论。但是，就算古今标准不统一，但这能记录在册的，也说明不是一般人。别忘了这里的酒量记录，显然是以一天里面喝而不醉为前提的。假如喝了醉，醉了喝，像李白自诩的“三百六十日，日日醉如泥”那样，就更无法计算了。先来看看中国古代有哪些著名的“酒鬼”“酒仙”。像开头提到的“竹林七贤”之一的刘伶，就是一个准备随时“为酒而亡”的人。刘伶在《酒德颂》里说：“止则操卮执觚，动则挈榼提壶，唯酒是务，焉知其余？”就是他停的时候也喝酒，动的时候也喝酒，除了酒以外，什么事情都不关心。

为了有一个直观形象的认识，还是先来把古代的度量衡换算一下。斛，是一个量具单位，在宋朝以前其容量是十斗（宋以后改为五斗了）。一斗十二斤，所以郑康成的酒量达到一百二十斤。而石作为量具单位时，十斗为石，其容量也是一百二十斤。也就是说，一斛（在宋朝以前）就等于一石，也就等于一百二十斤！

汉代廷尉（相当于现在的司法部部长）于定国可喝“数石而不乱”。所谓数石，最少也是三石吧。也就是说，于部长的酒量能达到惊人的三百六十斤啊？不光如此，据说于部长不喝酒时还有点糊涂，喝了酒反而头脑清醒，断案更明智，所谓“冬月治请谳，饮酒益精明。”古往今来，再没有饮酒之量超过于定国的，所以直到明朝，有位谢肇淛先生写《五杂俎》时，仍然将于定国定为饮酒冠军。

乾隆年制银鎏金西番莲纹嵌宝金瓯永固杯

当然，古代和今天还有一个最大的不同，就是酒精含量，也就是度数不同，历代随着技术及酿酒方式的不同。《韩非子·外储说右上》里有个寓言故事说道：

> 宋人有酤酒者，升概甚平，遇客甚谨，为酒甚美，悬帜甚高，然而不售，酒酸。怪其故，问其所知闾长者杨倩，倩曰："汝狗猛耶？"曰："狗猛，则酒何故而不售？"曰："人畏焉。或令孺子怀钱挈壶瓮而往酤，狗迓而龁之，此酒所以酸不售也。"

意思是：宋国有个卖酒的人，每次卖的东西分量很准确，对待客人很殷勤，酿的酒也很香，而且在门外还要高高挂起一面长长的酒幌子。然而奇怪的是，他家的酒常常因卖不出去而使整坛整坛的酒放酸了，变质了，十分可惜。这个卖酒的宋国人百思不得其解，他于是向结交的乡中年长者杨倩请教。杨倩告诉他："这是你家养的狗太凶猛的缘故。""狗虽然凶猛，但是酒很好啊，又为何卖不出去呢？""人们怕狗啊！我们都亲眼看到过，有人让孩子拿着钱提着酒壶准备到你家去买酒，可是还没等走到店门口，你家的狗就跳将出来狂吠不止，甚至还要扑上去撕咬人家。这样一来，又有谁还敢到你家去买酒呢？因此，你家的酒就只好放在家里等着发酸变质啊。"放久变酸，说明这是米酒一类的东西，酒精度数很低。

第八章 酒之文

在蒸馏酒开始普及的明代以前，人们饮用的基本是米酒和黄酒。即使是明代以后，白酒的饮用基本是以下扩展。黄酒和果酒（包括葡萄酒）按照中国的历史传统酿制法，酒精含量都比较低。现在行销的黄酒和葡萄酒的酒精度一般在12—16度之间（加蒸馏酒者不计在内）。而历史上的这两种酒，尤其是随用随酿的“事酒”或者平时饮用的普通酒，酒精度可能更低，甚至低得多。

人们低酌慢饮，酒精刺激神经中枢，使兴奋中心缓慢形成，在一种“渐乎其气，甘乎其味，颐乎其韵，陶乎其性，通乎其神，兴播乎其情”的状态下，然后比兴于物、直抒胸臆，如马走平川、水泻断崖，行云飞雨、无遮无碍！酒对人的生理和心理作用，这种慢慢吟来的节奏和韵致，这种饮法和诗文创作过程灵感兴发内在规律的巧妙一致与吻合，使文人更爱酒，与酒结下了不解之缘，留下了不尽的趣闻佳话，也易使人从表面上觉得，似乎兴从酒出，文自酒来。于是，有会朋宴客、庆功歌德的喜庆酒，有节令佳期的欢乐酒，有祭祀奠仪的

“事酒”，有哀痛忧悲的伤心酒，有郁闷愁结的浇愁酒，有闲情逸致的消磨酒……“心有所思，口有所言”，酒话、酒诗、酒词、酒歌、酒赋、酒文——酒文学便油然而发，蔚为大观。

一、酒之兴

唐三彩歌舞伎俑

在古人的生活中，酒和歌舞是相伴随的。作为一个宫廷音乐品种的“燕乐”，早在《周礼》《仪礼》《礼记》时代，就已建立起服务于饮宴的制度。在中国最早的典籍之一——《尚书·伊训》中，已有“恒舞于宫，酣歌于室，时谓巫风”的燕乐纪实。但酒筵歌舞作为一种普遍的社会现象却是在隋唐时代出现的。同过去相比，这一时期的宴饮娱乐显得更为活泼生动。

唐代有两种酒筵歌舞：一种是艺术观赏性质的酒筵歌舞，有歌舞伎和观赏者这两种不同的身份。在这种歌舞中，节目是预定的，其内容主要是曲子歌唱和曲子舞蹈。另一种是酒筵游戏性质的歌舞。在这种歌舞中，饮酒者同时是表演者，节目是临时确定的，其歌辞大都是即兴创作的作品。在唐代初、盛二期，这种歌舞还表现为一种自娱性的独歌独舞。李白为这种歌舞作过许多描写，例如《将进酒》说：“岑夫子，丹丘生，将进酒，杯莫停。与君歌一曲，请君为我倾耳听。”《独酌》说“独酌劝孤影，闲歌面芳林”。这种歌舞即兴而发，不需遵循游戏规则，但有劝酒的功能，乃代表了歌舞中比较朴素的一种形式。从李白“劝尔一杯酒，拂尔裘上霜。尔为我楚舞，吾为尔楚歌”中可看到：这种歌舞是明显模仿了古代的自娱歌舞的。

这时期，酒筵歌舞之风大兴，诗人们也以“樽中酒色恒宜满，曲里歌声不厌新。”“齐歌送清觞，起舞乱参差。”等诗句描写了当时酒筵重视歌舞艺术的风格。到中唐，酒筵歌舞便遍布城乡，呈现出空前的盛况。所谓“处处闻弦管，无非送酒声”，所谓“歌酒家家花处处”“纷纷醉舞踏衣裳”，是当时酣歌醉舞景象的写照。这种景况导致了酒筵艺术成分的改变：过去作为宴饮辅助内容的歌舞，现在变成了酒筵上的主要节目，如：

酣歌口不停，狂舞衣相拂。（白居易《和微之诗二十三首·和寄乐天》）

樽酒未空欢未尽，舞腰歌袖莫辞劳。（白居易《江楼宴别》）

筵停匕箸无非听，吻带宫商尽是词。（薛能《舞者》）

自古以来，朋友与家人的远离总会引发人们无限的忧思与情愁。斟上一杯美酒，轻舞衣袖，为即将远行的人儿高歌一曲。在酒筵与歌舞兴盛的时代，送酒歌舞就诞生了。

唐代的送酒歌舞有如下特点：

（1）大部分送酒歌舞是相互酬答，答歌与令歌须同一调。送酒歌唱的规则是依调著辞。

（2）送酒采用一人持杯，请另一人歌的形式。酒巡至某人，某人即可持杯请另一人唱歌送酒。因此，它属于酒令范畴的歌唱。

（3）酒筵中歌舞兼备，舞蹈也用先令舞后答舞的形式。

明　陈洪绶《蕉林酌酒图》

（4）酒筵中穿插进行各种性质的歌舞。例如唐传奇《纂异记》蒋琛故事所记的宴乐次序是：先用女声送酒。女乐数十辈，有歌有舞。其中一首歌辞《公无渡河》用宣宗大中年间诗人王睿的诗歌。然后由诸江神相互作歌送酒，亦有歌有舞。最后由与筵者各献技艺，有诗咏，有歌唱。由此可见：单纯表演性质的酒筵歌舞，是和酒令游戏性质的酒筵歌舞在酒筵上长期并存的。

至于历代文人雅士，酒酣之际，更有无数韵事可说。诗歌中较著名的比如三国时曹操《短歌行》的“忧从中来，不可断绝”“何以解忧？唯有杜康”，也有“不向花前醉，花应解笑人。只因连夜雨，又过一年春。日日无穷事，区区有限身。若非杯酒里，何以寄天真。”（唐·李敬方《劝醉》）还有“二月已破三月来，渐老逢春能几回。莫思身外无穷事，且尽身前有限杯。”（杜甫《绝句》）说得绝对一点，则是“相逢不饮空归去，洞口桃花也笑人。”（《苕溪渔隐丛话》）且不说李白的《将进酒》一泻千里的狂气，更是传世名篇，直令“嗜酒”者心仪，“无量”者汗颜。唐诗有云：“天若不爱酒，酒星不在天。地若不爱酒，地应无酒泉。”那么“人若不爱酒”呢？自然不应有酒仙了。

我们读杜甫的《饮中八仙歌》：“李白斗酒诗百篇，长安市上酒家眠，天子呼来不上船，自称臣是酒中仙。张旭三杯草圣传，脱帽露顶王公前，挥毫落纸如云烟。焦遂五斗方卓然，高谈雄辩惊四筵。”总能感到他们的豪气逼人而来。《西游记》里曾引用过《饮中八仙歌》其中一“仙”对酒的赞歌：

昔大唐一个名贤，姓张名旭，作一篇《醉歌行》，单说那酒。端的做得好，道是："金瓯潋滟倾欢伯，双手擎来两眸白。延颈长舒似玉虹，咽吞犹恨江湖窄。昔年侍宴玉皇前，敌饮都无两三客。蟠桃烂熟堆珊瑚，琼液浓斟浮琥珀。流霞畅饮数百杯，肌肤润泽腮微赤。天地闻知酒量洪，敕令受赐三千石。飞仙劝我不记数，酩酊神清爽筋骨。东君命我赋新诗，笑指三山咏标格。信笔挥成五百言，不觉尊前堕巾帼。宴罢昏迷不记归，乘鸾误入云光宅。仙童扶下紫云来，不辨东西与南北。一饮千盅百首诗，草书乱散纵横划。"

笔者于西安碑林，曾在张旭草书碑前伫立良久，感受到其中的确弥漫发散着飘逸豪迈、纵横捭阖之气。千秋之下，犹凛凛然。

唐人的豪放缘由颇多，这里暂不分辨。有趣的是明清时人再次提出了酒的"悖论"问题，带出了更深的思索。比如褚人获《坚瓠集》载黄贞父的一首宝塔诗《醉翁图赞》曰：

酒，

好友。

闭而眼，扪而口。

潦倒衣冠，模糊好丑。

多不辞一石，少不辞五斗。

提携城外乾坤，断送人间卯酉。

破除万事总皆非，沉冥一念夫何有。

盖东坡为无漏之仙，吾呼之为独醒之友。

元代文人蔡祖庚企图把酒徒“分流”归类，把从事社会功能操作层次的“官人”和非操作层次的“酒人”分别言之。他在《嬾园觞政》中充分肯定了文人相聚，在酒场中“侃”的酣畅意趣和文化功能：

脱略形骸，高谈雄辩，箕踞袒跣，嬉笑怒骂者，酒人也。峨冠博带，口说手写，违心屈志，救过不暇者，官人也。故居官者必不可以嗜酒，嗜酒者必不可以为官。

明代遗民黄周星《酒社刍言》则进一步说：

饮酒者，乃学问之事，非饮食之事也。何也？我辈性生好学，作止语默，无非学问，而其中最亲切而有益者，莫过于饮酒之顷。盖知己会聚，形骸礼法，一切都忘，惟有纵横往复。大可畅叙情怀，而钓诗扫愁之具，生趣复触发无穷。

不特说书论文也，凡谈及宇宙古今山川人物，无一非文章，则无一非学问。即下至恒言谑语，如听村讴，观稗史，亦未始不可益意智而广见闻。（见《清稗类钞》）

冯梦龙《古今谭概·痴绝部》中记述了这样一件事：

> 葑门老儒朱野航颇攻诗。馆于王氏，与主人晚酌罢，主人入内。适月上，朱得句云："万事不如杯在手，一年几见月当头。"喜极发狂，大叫叩扉，呼主人起。举家惶骇，疑是伙盗。及出问，始知，乃更取酌。

可惜冯梦龙没有想到，最欣赏这两句诗的人，就是由他朋友阮大铖等拥立的南明小朝廷皇帝朱由崧。明王朝复国的希望就断送在这个家伙手里。"万事不如杯在手，一年几见月当头"，代表着一种人生哲学，叫作"醉生梦死"。

"李白斗酒诗百篇"，"酒隐凌晨醉，诗狂彻旦歌"，很难说哪一种物质文化生活同文化活动有如酒和文学这样新近紧密的关系了。在中国历史上，这种关系可以说是中华民族饮食文化史上一种特定的历史现象。

一部中国诗歌发展的历史，从《诗经》的"宾之初筵"（《小雅》）、"瓠叶"（《小雅》）、"荡"（《大雅》）、"有駜（bì）"（《鲁颂》）之章，到《楚辞》的"奠桂酒兮椒浆"（《东皇太一》）、《短歌行》的"何以解忧？唯有杜康"；从《文选》、《全唐诗》到《酒词》、《酒颂》……数不尽的斐然大赋、五字七言，多叙酒之事、歌酒之章！屈原、荆轲、高阳酒徒、司马相如、孔北海、曹子建、阮嗣宗、陶渊明、李白、杜甫、白居易、王维、李贺、王昌龄、苏轼、黄庭坚、陆游、晏殊、柳永、姜夔、文徵明、袁宏道、沈德潜、郑燮、袁枚、王士祯、洪亮吉、龚定庵……万千才子，无数酒郎！

二、酒与诗

汉魏之际是中国文化史上的重要转型时期。由西汉建立的“独尊儒术”的文化政策，受到汉末政治腐败和体系化的外来文化佛教的东渐这两大冲击，趋于式微。社会动乱引起人生无常的感喟，鲁迅曾说：“因当天下大乱之际，亲戚朋友死于乱者特多，于是为文就不免带着悲凉、激昂和慷慨了。”（《魏晋风度及药与酒之关系》）王瑶沿着鲁迅的思路研究这一时期文人心态，发现“我们念魏晋人的诗，感到最普遍，最深刻，能激励人底同情的，便是那在诗中充满了时光飘忽和人生短促的思想与情感：阮籍是这样，陶渊明也是这样，每个大家，无不如此。”（《中古时期文人生活·文人与药》）他认为，在《诗三百》里找不到这种情绪，楚辞里也并没有生命绝对消灭的悲哀，儒家“未知生，焉知死”，回避了这个问题，“生死问题本来是人生中很大的事情，感觉到这个问题的严重和亲切，自然是表示人有了自觉，表示文化的提高，是值得重视的。”所以魏晋被称为“为文自觉的时代”。

汉魏六朝在政治上是中国历史上的乱世和黑暗时期，《世说新语》所载石崇使美人劝酒事即可见一斑。

石崇每要客宴集，常令美人行酒，客饮酒不尽者，使黄门交斩美人。王丞相与大将军尝共诣崇，丞相素

> 不能饮，辄自勉疆，至于沈醉。每至大将军，固不饮，以观其变。已斩三人，颜色如故，尚不肯饮。丞相让之，大将军曰："自杀伊家人，何预卿事。"

意思是：石崇每次请客饮酒，常让美人斟酒劝客。如果客人不喝酒，他就让侍卫把美人杀掉。一次丞相王导与大将军王敦一道去石崇家赴宴。王导向来不能喝酒，但怕石崇杀人，当美女行酒时只好勉强饮下，几乎醉了。王敦却不买账，他原本倒是能喝酒，却硬拗着偏不喝。结果石崇斩了三个美人，他仍是不喝。王导责备王敦，王敦说："他杀自己家里的人，跟你有什么关系！"

不过，《晋书·王敦传》将主人载为王恺，非石崇。清代文人李慈铭对此评点说："疑传闻过实之辞。"但是，无论王恺或石崇，其骄奢残忍，杀人如儿戏，令人发指，而王敦的自私冷酷，无动于衷，更残忍到失去人性。西晋之混乱，由此可见一斑。

但是，这段时期在思想文化艺术史上却非常重要，其影响之深远，可以说是透过盛唐，直达现今，在诗歌发展史上尤其如此。这不奇怪，可以用马克思政治经济与文化发展的不平衡学说解释的。

比如"诗与酒"，仿佛有天生的不解之缘，实际上，这也是汉魏之际文人"放诞"风习的开端。随手举例，便有《古诗十九首》之一："服食求神仙，多为药所误。不如饮美酒，被服纨与素。"《后汉书·孔融传》说他"宾客日盈其门，常叹曰：'座上客常满，樽中酒不空，吾无忧矣。'"曹丕《典论·酒诲》说荆州刘表"跨有南土，子弟骄贵，并好酒，为三爵。大曰伯雅，次曰中雅，小曰季雅。伯受七升，中受六升，季受五升。又设大针于坐端，客有醉酒寝地。辄以针刺验其醉醒。是酷于赵敬侯以筒酒灌人也。”曹植《与吴质书》云：“愿举泰山以为肉，倾东海以为酒，伐云梦之竹以为笛，斩泗滨之梓以为筝，食若填巨壑，饮若灌漏卮。其乐固难量，岂非大丈夫之乐哉！”王绩《赠学仙者》曰：“春酿煎松叶，秋杯浸菊花。相逢宁可醉，定不学丹砂。”《世说新语·任诞》说张翰有“使我有身后名，不如即时一杯酒”之语，而毕卓则说“一手持蟹螯，一手持酒杯，拍浮酒池中，便足了一生。”他身为吏部郎，还曾夜入邻舍盗酒，被人当场抓住。《晋书》束皙曰：“昔周公卜洛，流水以泛酒，故《逸诗》曰：‘羽觞随流’。”这些都是说明问题的材料。

明　陈洪绶《高士图》

这一时期的“隐逸”大诗人陶渊明，可称是把酒与诗联系起来的第一人。他不但以酒大量入诗，以至于几乎篇篇有酒，又把饮酒所得的境界用诗歌熨帖地表达出来（参见王瑶《中古时期文人生活·文人与酒》）。杜甫《可惜》诗云：“宽心应是酒，遣兴莫若诗。此意陶潜解，吾生后汝期。”可谓渊明的隔代知音了。由这一线索观察当时的其他重要诗人，如曹植、阮籍、王羲之、谢灵运等，也可以从他们怪诞的行为中窥见他们各自不同的心态，领略到他们诗歌的底蕴。

以下是几位著名的酒文学大家的事迹：

明　李在《归去来兮图》

陶渊明，晋宋时期文学家。一名潜，字元亮。陶渊明是中国文学史上第一个大量写饮酒诗的诗人。他的《饮酒》二十首以“醉人”的语态或指责是非颠倒、毁誉雷同的上流社会，或揭露世俗的腐朽黑暗，或反映仕途的险恶，或表现诗人退出官场后怡然陶醉的心情，或表现诗人在困顿中的牢骚不平。陶渊明在《五柳先生传》中说：“性嗜酒，家贫不能常得。亲旧知其如此，或置酒而招之；造饮辄尽，期在必醉。既醉而退，曾不吝情去留。”衙门有公田，可供酿酒。他下令悉种粳以为酒料，连吃饭的大事都忘记了。还是他夫人力争，才分出一半公田种稻。弃官回到四壁萧然的家，最使他感到欣喜的是“携幼入室，有酒盈樽”。

清　苏六朋《太白醉写图》

李白，字太白，号青莲居士，人称“诗仙”。李白诗风雄奇豪放，想象丰富，富有浓厚的浪漫主义色彩。李白一生嗜酒。杜甫在《饮中八仙歌》中，描绘李白：“李白斗酒诗百篇，长安市上酒家眠，天子呼来不上船，自称臣是酒中仙。”因此，古时的酒店里，都挂着“太白遗风”“太白世家”的招牌。

李白在给妻子的《赠内》诗中说：“三百六十日，日日醉如泥。”在《襄阳行》诗中说：“百年三万六千日，一日须倾三百杯。”在《将进酒》诗中说：“会须一饮三百杯。”这些数字虽不免有艺术的夸张，但李白的嗜酒成性却也是事实。

关于李白喝酒的传说很多。说李白宾居任城时，与孔巢父等五人相识，他们一起在徂徕山中每天饮酒沉醉，被世人称为“竹溪六逸”。又说李白酒醉泛舟在采石矶附近的江面上，见水中月影而捉之，遂溺死。

南薰殿旧藏《圣贤画像》中的杜甫像

杜甫，字子美。在杜甫现存的一千四百多首诗文中，谈到酒的有三百首，占总数的百分之二十一。杜甫在十四五岁时写的《壮游》一诗中写道："往昔十四五，出游翰墨场……性豪业嗜酒，嫉恶怀刚肠……饮酣视八极，俗物都茫茫。"杜甫和李白是酒友，所谓"余亦东蒙客，怜君如弟兄。醉眠秋共被，携手日同行。"（《与李十二白同寻范十隐居》）他还有一位酒友，是广文馆博士郑虔。杜甫在《醉时歌》中说："得钱即相觅，沽酒不复疑。忘形到尔汝，痛饮真吾师。"又说："不须闻此意惨怆，生前相遇且衔杯。"杜甫嗜酒的习性，从少年到老年，都没有改变。他在《曲江二首·其二》中说："朝回日日典春衣，每日江头尽醉归。酒债寻常行处有，人生七十古来稀。"

诗人苏轼被称为"酒仙"："花间置酒清香发，争挽发条落香雪""东堂醉卧呼不起，啼鸟落花春寂寂""明月几时有，把酒问青天。不知天上宫阙，今昔是何年"……

苏轼不仅喜欢饮酒，还喜欢亲自酿酒，曾酿过“蜜酒”“桂酒”，更写过一篇叫《酒经》的文章，叙述了从制饼曲到酿酒的整个过程。苏轼称酒为“钓诗钩”。他在《和陶渊明饮酒》诗中写道：“俯仰各有态，得酒诗自成。”意思是有酒，诗便自然冒出来了。

三、酒与店

唐代诗人杜牧的七绝《江南春》，一开头就是“千里莺啼绿映红，水村山郭酒旗风”。千里江南，黄莺在欢乐地歌唱，丛丛绿树映着簇簇红花，傍水的村、依山的城郭、迎风招展的酒旗，尽在眼底。而在现实世界中，与“酒”相联系的，不止这酒旗一种，还有匾对、题壁等众多衍生文化。

酒　旗

1. 酒旗

酒旗的名称很多，以其质地而言，多系缝布制成，称酒旆、野旆、酒帘、青帘、杏帘、酒幔、幌子等；以其颜色而言，称青旗、素帘、翠帘、彩帜等；以其用途而言，又称酒标、酒榜、酒招、帘招、招子、望子……

作为一种最古老的广告形式，酒旗在我国已有悠久的历史。《韩非子·外储说右上》记载："宋人有酤酒者，升概甚平，遇客甚谨，为酒甚美，悬帜甚高……"这里的"悬帜"即悬挂酒旗。

酒旗大致可分三类：一是象形酒旗，以酒壶等实物、模型、图画为特征；二是标志酒旗，即旗幌及晚上的灯幌；三是文字酒旗，以单字、双字甚至是对子、诗歌为表现形式，如"酒""太白遗风"等。《清明上河图》名画中的诸多酒店便在酒旗上标有"新酒""小酒"等字样，旗布为白或青色。《水浒传》第二十九回《施恩重霸孟州道　武松醉打蒋门神》中也有描述：

又行不到三五十步，早见丁字路口一个大酒店，檐前立着望竿，上面持着一个酒望子，写着四个大字道，"河阳风月"。转过来看时，门前带绿油栏杆，插着两把销金旗，每把上五个金字，写道："醉里乾坤大，壶中日月长。"

有的酒旗借重酒的名声做专利广告，如明代正德年间朝廷开设的酒馆，旗上题有名家墨宝："本店发卖四时荷花高酒"，荷花高酒就是当时宫廷御酿。有的酒旗标明经营方式，如《歧路灯》里的开封"西蓬壶馆"木牌坊上书"包办酒席"。更多的酒旗极力渲染酒香，如清代八角鼓曲《瑞雪成堆》云：杏花村内酒旗飞，上写着"开坛香十里，就是神仙也要醉"。

酒旗在古时的作用，大致相当于现在的招牌、灯箱或霓虹灯之类。在酒旗上署上店家字号，或悬于店铺之上，或挂在屋顶房前，或干脆另立一根望竿，让酒旗随风飘展，招徕顾客。除此之外，酒旗还有传递信息的作用，早晨起来开始营业，有酒可卖，便高悬酒旗；若无酒可售，就收下酒旗。《东京梦华录》里说："至午未间，家家无酒，拽下望子。"这"望子"就是酒旗。有的店家是晚上营业，如刘禹锡《堤上行》诗里提到一酒家"日晚出帘招客饮"。但大多数店家都是白天营业，傍晚落旗，如宋代诗人道潜《秋江》诗：

赤叶枫林落酒旗，白沙洲渚阳已微。数声柔橹苍茫外，何处江村人夜归？

酒旗还常常成为骚人墨客绘景述事、抒情言志的媒介。"千峰云起，骤雨一霎儿价。更远树斜阳，风景怎生图画。青旗卖酒，山那畔别有人家。"宋代辛弃疾《丑奴儿·博山道中效李易安体》的词句，借飘动着的酒旗描绘出了一种令人神往的美好图画和意境。

2. 匾对

匾、对为两物，匾悬之门楣或堂奥，其数一（虽庙宇等殿堂有非一数者，但极为特殊）；对则列于抱柱或门之两侧，或堂壁两厢。古时多为木、竹为之，亦有金属如铜等为之者。匾对的意义应互相照应连贯，匾文多寓意主旨。古代酒店一般都有匾对，有的多至数对，甚至更多。这些匾对的目的在于招徕顾客，吸引游人。匾对内容或辑自传统诗文名句，或由墨客文士撰题，本身又是书法或诗文艺术作品。如五代时，张逸人题崔氏酒垆句："武陵城里崔家酒，地上应无天上有。南游道士饮一斗，卧向白云深洞口。"（胡山源《古今酒事》）因是名人、名字、名句，小小酒店的生意便名噪一时，"自是酤酒者愈众"。又徐充《暖姝由笔》载：明武宗正德（1506—1521）间，顽童天子别出心裁地开设皇家酒馆，两匾文字为："天下第一酒馆""四时应饥食店"。酒旗高悬，大书"本店出卖四时荷花高酒"。此事虽如同嬉戏，却是全照世俗而行。匾对之于酒店，那是中国传统文化的一大特点，亦是中国食文化的一大成就。

《水浒传》第三十九回《浔阳楼宋江吟反诗　梁山泊戴宗传假信》中提到的浔阳酒楼，其外观很有特点。文中写道：

宋江听罢，又寻出城来，直要问到那里，独自一个闷闷不已。信步再出城外来，看见那一派江景非常，观之不足。正行到一座酒楼前过。仰面看时，旁边竖着一根望竿，悬挂着一个青布酒旆子，上写道："浔阳江正库。”雕檐外一面牌额，上有苏东坡大书“浔阳楼”三字。宋江看了，便道：“我在郓城县时，只听得说江州好座浔阳楼，原来却在这里。我虽独自一个在此，不可错过，何不且上楼去自己看玩一遭？”宋江来到楼前看时，只见门边朱红华表，柱上两面白粉牌，各有五个大字，写道：“世间无比酒，天下有名楼。”宋江便上楼来，去靠江占一座阁子里坐了。凭阑举目看时，端的好座酒楼。

但见：雕檐映日，画栋飞云。碧阑干低接轩窗，翠帘幕高悬户牖。消磨醉眼，倚青天万迭云山，勾惹吟魂，翻瑞雪一江烟水。白苹渡口，时闻渔父鸣榔；红蓼滩头，每见钓翁击楫。楼畔绿槐啼野鸟，门前翠柳系花骢。……

宋江看罢浔阳楼，喝采不已。凭阑坐下。酒保上楼来，唱了个喏，下了帘子，请问道：“官人还是要待客，只是自消遣？”宋江道：“要待两位客人，未见来。你且先取一尊好酒，果品肉食，只顾卖来。鱼便不要。”酒保听了，便下楼去。少时，一托盘把上楼来，一樽蓝桥风月美酒，摆下菜蔬时新果品按酒，列几般肥羊、嫩鸡、酿鹅、精肉，尽使朱红盘碟。宋江看了，心中暗喜。自夸道：“这般整齐肴馔，济楚器皿，端的是好个江州。我虽是犯罪远流到此，却也看了些真山真水。我那里虽有几座名山古迹，却无此等景致。”……

3. 题壁

题壁为古代文士骚人的雅事，多在风物名胜之所，楼阁堂榭之处，酒店壁上固是一区。酒店为八方咸聚、四海皆来的文客荟萃之所，乘举挥毫于白壁，自是倜傥风流。大凡问壁留吟者，都是诗句文字并佳，才能光耀侪人、留誉后世，否则岂不被人耻笑？

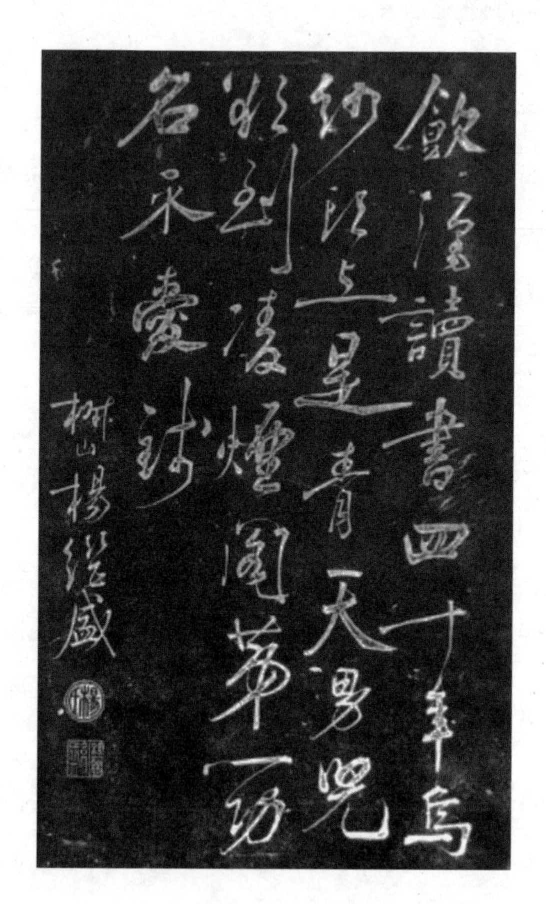

杨继盛《言志诗》拓片

文人倜傥、才子风流挥洒无余，酒店之中，顿然白壁为之生辉。文武不济的刀笔吏宋江，在苏东坡手书匾额的“浔阳楼”酒楼喝得大醉，惹出一段故事：

> 独自一个，一杯两盏，倚阑畅饮，不觉沉醉。猛然蓦上心来，思想道：“我生在山东，长在郓城，学吏出身，结识了多少江湖上人，虽留得一个虚名，目今三旬之上，名又不成，功又不就，倒被文了双颊，配来在这里。我家乡中老父和兄弟，如何得相见！”不觉酒涌上来，潸然泪下。临风触目，感恨伤怀。忽然做了一首西江月词调，便唤酒保索借笔砚。起身观玩，见白粉壁上，多有先人题咏。宋江寻思道：“何不就书于此？倘若他日身荣，再来经过，重睹一番，以记岁月，想今日之苦。”乘其酒兴，磨得墨浓，蘸得笔饱，去那白粉壁上，挥毫便写道：
>
> “自幼曾攻经史，长成亦有权谋。恰如猛虎卧荒丘，潜伏爪牙忍受。不幸刺文双颊，那堪配在江州。他年若得报冤仇，血染浔阳江口。”
>
> 宋江写罢，自看了，大喜大笑。一面又饮了数杯酒，不觉欢喜，自狂荡起来，手舞足蹈，又拿起笔来，去那《西江月》后，再写下四句诗，道是：
>
> “心在山东身在吴，飘蓬江海谩嗟吁。他时若遂凌云志，敢笑黄巢不丈夫。”

宋江写罢诗，又去后面大书五字道："郓城宋江作。"写罢，掷笔在桌上，又自歌了一回。再饮过数杯酒，不觉沉醉，力不胜酒。便唤酒保计算了，取些银子算还，多的都赏了酒保。拂袖下楼来。踉踉跄跄，取路回营里来。开了房门，便倒在床上。一觉直睡到五更。酒醒时，全然不记得昨日在浔阳江楼上题诗一节。当日害酒，自在房里睡卧，不在话下。

正是这两首歪诗，让他吃尽苦头。不过，宋江也因此上了梁山，才有了《水浒传》一百单八将结义的热闹。

相比之下，陆放翁淳熙四年（1177）正月于成都一酒楼的题壁则胸宇磅礴、荡气回肠，意境高远，远非仅抒个人胸臆的骚人墨客所能及：

丈夫不虚生世间，本意灭虏收河山。
岂知蹭蹬不称意，八年梁益凋朱颜。
三更抚枕忽大叫，梦中夺得松亭关。
中原机会嗟屡失，明日茵席留余潸。
益州官楼酒如海，我来解旗论日买。
酒酣博簺为欢娱，信手枭卢喝成采。
牛背烂烂电目光，狂杀自谓元非狂。
故都九庙臣敢忘？祖宗神灵在帝旁。
（《楼上醉书》，《剑南诗稿》卷八）

4. 酒店

酒店又有酒楼、酒馆、酒家等称谓，在古代，泛指酒食店。中国酒店的历史由来已久，可以说是伴随着饮食业的兴起而产生的。谯周《古史考》说姜尚微时，曾“屠牛之朝歌，卖饮于孟津”，这里讲的是商末的情况。汉代，饮食市场上“熟食遍列，殽旅重叠，燔炙满案”。司马相如和卓文君为追求婚姻自主，卖掉车马到四川临邛开“酒舍”，产生了一段才子佳人经营酒店的佳话。

成都锦江畔，唐代多酒家

一些西北少数民族和西域的商人，也到中原经营饮食业，将“胡食”传入内地。辛延年《羽林郎》诗反映了这一情况：“昔有霍家奴，姓冯名子都。倚仗将军势，调笑酒家胡。胡姬年十五，春日独当垆。”胡人酒店不仅卖酒，百且兼营下酒菜肴。

唐宋时期，酒店十分繁荣。就经营项目而言，有各种类型的酒店。如南宋杭州，有专卖酒的直卖店，还有茶酒店、包子酒店、宅子酒店（门外装饰如官仕住宅）、散酒店（普通酒店）、苍酒店（有娼妓）。

就经营风味而言，宋代开封、杭州均有北食店、南食店、川饭店，还有山东、河北风味的“罗酒店”。

就经营所有制而言，既有私厨酒店，也有寺院营业的素斋厨房，还有官志的酒店。

就酒店档次而言，有“正店”和小酒店之分。“正店”是比较高级的酒店，多以“楼”为名，服务对象是达官贵人、文士名流。据《东京梦华录》载：

> （开封）麦曲院街南遇仙武正店，前有楼子后有台，都人谓之“台上”，此一店最是酒店上户，银瓶酒七十二文一角，羊羔酒八十一文一角。
>
> 郑东仁和店、新门里会仙酒楼正店，常有百十分厅馆，动使各各足备不尚少阙一物。在抵都人奢侈，度量稍宽。凡酒店中不问何人，只两人对坐饮酒，亦须用注碗一副，盘盏两副，果菜碟各五片，水果碗三五只，即银近百两矣。

这种豪华酒店，消费水平如此之高，平民百姓是绝不敢问津的。宋元以后，酒楼一般专指建筑巍峨崇华、服务档次高的大酒店，而酒店则逐渐特指专营酒品，没有或只有简单佐酒菜肴的酒家。

小说《水浒传》写的是北宋时期的故事，其中多处提到酒楼。比如第七回《花和尚倒拔垂杨柳　豹子头误入白虎堂》提到的东京樊楼。太尉高逑义子高衙内看中了林冲的妻子，心生歹念，便叫林冲的好友陆虞候设下调虎离山之计，把林冲诱出家门，让高衙内实施不轨。陆虞候的诡计就与樊楼有关。小说写道：

> 高衙内听的，便道："自见了多少好女娘，不知怎的只爱他。心中着迷，郁郁不乐。你有甚见识，能勾他时，我自重重的赏你。"富安道："门下知心腹的陆虞候陆谦，他和林冲最好。明日衙内躲在陆虞候楼上深阁，摆下些酒食，却叫陆谦去请林冲出来吃酒。教他直去樊楼上深阁里吃酒。小闲便去他家对林冲娘子说道：'你丈夫教头和陆谦吃酒，一时重气，闷倒在楼上。叫娘子快去看哩。'赚得他来到楼上。妇人家水性，见了衙内这般风流人物，再着些甜话儿调和他，不由他不肯。小闲这一计如何？"高衙内喝采道："好条计！就今晚着人去唤陆虞候来分付了。"

樊楼是北宋都城真正存在的一家大酒楼，它又名白矾楼，是当时都市最负盛名的高级酒店。元人周密《齐东野语》卷十一记述：樊楼"乃京师酒肆之甲，饮徒当千余人"。到了北宋末年，白矾楼又改名为丰乐楼，"宣和间，更修三层相高。五楼相向，各有飞桥栏槛，明暗相通，珠帘绣额，灯烛晃耀。"（《东京梦华录·酒楼》）简直和今日在都市的美食不夜城一般。

开封樊楼（仿古建筑）

条件设施相对低一档的当属州郡所在地的城市里的酒店。《水浒传》第三回《史大郎夜走华阴县　鲁提辖拳打镇关西》写到的鲁智深和史进在渭州相遇后去的酒家便是这一类。这家酒店不但有很标准的卖酒标志来招徕顾客，而且有整齐的阁儿，即今天的包厢。小说写道：

> 三个人转弯抹角，来到州桥之下一个潘家有名的酒店。门前挑出望竿，挂着酒旆，漾在空中飘荡。怎见得好座酒肆，正是：李白点头便饮，渊明招手回来。
>
> 有诗为证：
>
> 风拂烟笼锦旆扬，太平时节日初长。
>
> 能添壮士英雄胆，善解佳人愁闷肠。
>
> 三尺晓垂杨柳外，一竿斜插杏花旁。
>
> 男儿未遂平生志，且乐高歌入醉乡。

三人上到潘家酒楼上，拣个齐楚阁儿里坐下。鲁提辖坐了主位，李忠对席，史进下首坐了。酒保唱了喏。认得是鲁提辖，便道：“提辖官人，打多少酒？”鲁达道：“先打四角酒来。”一面铺下菜蔬果品案酒，又问道：“官人，吃甚下饭？”鲁达道：“问甚么！但有只顾卖来，一发算钱还你。这厮只顾来聒噪！”酒保下去，随即烫酒上来。但是下口肉食，只顾将来，摆一桌子。

这家酒店不但有包厢，还有卖唱的女子。正因为卖唱，才引出那段脍炙人口的“拳打镇关西”：

三个酒至数杯，正说些闲话，较量些枪法，说得入港，只听得间壁阁子里有人哽哽咽咽啼哭。鲁达焦躁，便把碟儿盏儿都丢在楼板上。酒保听得，慌忙上来看时，见鲁提辖气愤愤地。酒保抄手道：“官人要甚东西，分付卖来。”鲁达道：“洒家要甚么！你也须认的洒家，却恁地教甚么人在间壁吱吱的哭，搅俺弟兄们吃酒？洒家须不曾少了你酒钱。”酒保道：“官人息怒。小人怎敢教人啼哭打搅官人吃酒。这个哭的是绰酒座儿唱的父女两人。不知官人们在此吃酒，一时间自苦了啼哭。”鲁提辖道：“可是作怪！你与我唤的他来。”酒保去叫，不多时，只见两个到来：前面一个十八九岁的妇人，背后一个五六十岁的老儿，手里拿串拍板，都来到面前。看那妇人，虽无十分的容貌，也有些动人的颜色，拭着眼泪，向前来深深的道了三个万福。那老儿也都相见了。

鲁达问道："你两个是那里人家？为甚啼哭？"那妇人便道："官人不知，容奴告禀。奴家是东京人氏，因同父母来这渭州投奔亲眷，不想搬移南京去了。母亲在客店里染病身故。女父二人，流落在此生受。此间有个财主，叫做'镇关西'郑大官人，因见奴家，便使强媒硬保，要奴作妾。谁想写了三千贯文书，虚钱实契，要了奴家身体。未及三个月，他家大娘子好生利害，将奴赶打出来，不容完聚，着落店主人家追要原典身钱三千贯。父亲懦弱，和他争执不得。他又有钱有势。当初不曾得他一文，如今哪讨钱来还他。没计奈何，父亲自小教得奴家些小曲儿，来这里酒楼上赶座子，每日但得些钱来，将大半还他，留些少女父们盘缠。这两日酒客稀少，违了他钱限，怕他来讨时受他羞耻。女父们想起这苦楚来，无处告诉，因此啼哭。不想误触犯了官人，望乞恕罪，高抬贵手。"

明清时期酒店业进一步发展。早在明初，太祖朱元璋眼见元末战争破坏、经济凋敝之后，令在首都应天（今南京）城内建造十座大酒楼，以便商旅、娱官宦、饰太平：

> 洪武二十七年（1394），上以海内太平，思与民偕乐，命工部建十酒楼于东门外，有鹤鸣、醉仙、讴歌、鼓腹、来宾、重译等各。既而又增作五楼，至是皆成。诏赐文武百官钞，命宴于醉仙楼，而五楼则专以处侑歌妓者……宴百官后不数日……上又命宴博士钱宰等于新成酒楼，各献诗谢，上大悦……太祖所建十楼，尚有清江、石城、东民、集贤四名，而五楼则云轻烟、淡粉、梅研、柳翼，而遗其一，此史所未载者，皆歌妓之薮也。时人曾咏诗以志其事："诏出金钱送酒垆，绮楼胜会集文儒。江头鱼藻新开宴，苑外莺花又赐酺。赵女酒翻歌扇湿，燕姬香袭舞裙纡。绣筵莫道知音少，司马能琴绝代元。"（沈德符《万历野获编》补遗卷三）

有理由认为，明初官营大酒楼的逐次落败、撤销，除了管理弊窦、滋生腐败等内部原因之外，外部因素则是兴旺发达起来的各种私营酒店业的竞争压力所迫。因为明中叶时，已经是"今千乘之国，以及十室之邑，无处不有酒肆"（胡侍《真珠船》卷六）的餐饮业十分繁荣发展的状况了。酒肆的"肆"，意为"店""铺"，古代一般将规模较小，设备简陋的酒店、酒馆、酒家统称为"酒肆"。

除了地处繁华都市的规模较大的酒楼、酒店之外，更多的则是些小店。但这些远离城镇偏处一隅的小店却是贴近自然、淳朴轻松的一种雅逸之趣，因而它们往往更能引得文化人的钟情和雅兴。明清两朝的史文典献，尤其是文人墨客的笔记文录中多有此类小店引人入胜的描写。同时，读书人的增多、入仕的艰难和商业的发展等诸多原因，一方面是更多的读书人汇入商民队伍，另一方面是经商者文化素养的提高，市民文化有了更深广的发展。明代中叶一则关于“小村店”的记述（蒋一葵《长安客话》卷二《小村店》）很能发人深省：

> 上与刘三吾微行出游，入市小饮，无物下饭。上出句云：“小村店三杯五盏，无有东西。”三吾未有对，店主适送酒至，随口对曰：“大明国一统万方，不分南北。”明日早朝召官，固辞不受。

文中的“上”，当是今北京昌平明十三陵“地下宫殿”定陵墓主神宗朱翊钧。明帝国其时已是落叶飘忽，满目西风了。那位小村店主人或许就是位洞悉时局的大隐于市者，因而才坚定地拒绝皇帝让他做官的恩赐。

清代酒肆的发展，超过以往任何时代。“九衢处处酒帘飘，涞雪凝香贯九霄。万国衣冠咸列坐，不方晨夕恋黄娇。”（清·赵骏烈《燕城灯市竹枝词·北京风俗杂咏》）乾隆、嘉庆年间（1736—1820）是清帝国的太平盛世，是中国封建社会经济活跃繁荣的鼎盛时代，西方文明虽蒸蒸日上，但尚未在总态势与观念上超越东方文明中心的中国。这首描述清帝国京师北京餐饮业繁华兴盛的竹枝词，堪称形象而深刻的历史实录。京师内外城衢酒肆相属，鳞次栉比，星罗棋布。各类酒店中落座买饮的，不仅是五行八作、三教九流的中下层社会中人，而且有“微行显达”等各类上层社会中人；不仅有无数黑头发人种，而且有来自世界各国的异邦食客，东西两半球操着说不清多少语言、服饰各异的饮啖者聚坐在大大小小的各式风格、各种档次的酒店中，那情景的确是既富诗意又极销魂的。

清代，一些酒店时兴将娱乐活动与饮食买卖结合起来，有的地区还兴起了船宴、旅游酒店以及中西合璧的酒店，酒店业空前繁荣。中国酒店演变的历史，总的趋势是越来越豪华，越来越多样化。

第九章 酒之惑

中华民族先民崇奉的圣贤都不可避免地担负着解决肚皮问题的重任。传说中的第一位圣人“有巢氏”曾教人“积鸟兽之肉，聚草木之实”（《三坟书》）；燧人氏“钻燧取火，以化腥臊，而民说之，使王天下”（《韩非子·五蠹》），是中国熟食的祖师爷；伏羲氏“结网罟以教渔佃”，“养牺牲以充庖厨”（司马贞《三皇本纪》），是渔业、畜牧业的创始人；神农氏不但尝百草，而且“始教民播种五谷”（《淮南子》），创立了农业；轩辕黄帝则“始蒸谷为饭，烹谷为粥”（《古史考》），“作灶，死为灶神”（《淮南子》）；后稷似乎是位农艺师，以“教民稼穑”著称于世。

当然，这些成果未必都是他们亲手所为，但在他们治下能出现这些成就，也是了不起的政绩了。但是传说中酒的发明者，比如前文说到的仪狄、杜康，非但没有享有这种荣誉，反而成为有争议的人物。仪狄的性别身份有争议，“女儿说”大概承认酿造“旨酒”是需要女孩儿的聪明灵秀的；“臣下说”则把仪狄视为“后世佞臣之首”。《战国策·魏策二》的说法是："昔者帝女仪狄作酒而美，进之禹。禹饮而甘之，遂疏仪狄，绝旨酒，曰：'后世必有亡其国者。'"这都说明，酒从发明伊始，就是一个两难的话题。对于酒，人们总是既恨又爱，真是"斩不断，理还乱"……

饮酒是世界性的消费现象。美国学者本尼迪克特在《文化模式》中从文化人类学的角度，把原始文明分为两大类："酒神性的"和"日神性的"，认为在"酒神性的"文明中，"人们用喝发了酵的仙人掌果汁的办法，在礼仪上获得那种对他们说来是最有宗教意义的受恩宠状态。……在他们的习惯做法和他们的诗歌中，喝醉酒和宗教信仰是同义词。喝醉酒能把那种朦胧的梦幻和明察洞见混而为一。它使整个部落感到一种和宗教信仰相关的兴奋。"

浮雕：酒神狄俄尼索斯出现在宴会上

希腊神话中的酒神狄俄尼索斯就兼着"欢乐之神"的角色，他不但乘兽车周游了地中海各地以及两河流域和印度，传授酿制葡萄酒的方法，还因此掀起了一股对他的狂热崇拜风潮，以至形成了全国性的宗教。也许这正是西方宗教中天主教以酗酒著称的源头。现在西方种种历史悠久的名酿佳制，大多初始于修道院。

正是为了矫正西欧中世纪以来的酗酒之风，马丁·路德新教革命之后，清教徒发动了声势浩大、持续日久的"禁酒"运动，在美国还著为严令，一直延续到本世纪。据说黑手党登陆美洲，酿贩私酒就是其起家本领之一。

当然，有些宗教如伊斯兰教、摩门教（**正确名称应为耶稣基督后期圣徒教会**）等信徒，由于信仰原因，一开始便对饮酒设有严格的禁令。

说来印度佛教传入中国时，诸多清规戒律里，酒也是突出的一种，十戒里有它，简化为五戒了，仍然有它。如鲁智深在五台山受戒时，智真长老所授"一不要杀生，二不要偷盗，三不要邪淫，四不要贪酒，五不要妄语。"鲁智深做不到第四条，熬了几天，"口里淡出鸟来"，结果"醉打山门"，被遣往汴梁大相国寺。又因为野猪林救林冲，得罪了高俅，与杨志在二龙山落草，最后上了梁山，总算过上了"大块吃肉，大碗筛酒"的日子，好不痛快！但据智真长老的预言，他还是成了正果，修为在当时诸僧之上。后来中国化的佛教，对酒似乎也有变通之说，一则是济癫式"酒肉穿肠过，佛祖心中留"之类禅宗说法，一则是把酒称为"般若汤"之类自欺欺人的说法，般若汤是佛教称呼酒的隐语。因为佛门弟子要戒食酒肉，但对于一些人来说却把持不住，为了吃后对佛祖有个交代，求得心安理得，于是就有了这类名词的问世，如“钻篱菜”（鸡）、“水梭花”（鱼）等。

酒在人类历史和人们生活中发挥了十分独特的作用，多少事情在酒的作用下，变得回肠荡气，或者情深意长，或者阴森诡诈。

酒，是未经魔法学校培训的变化多端的精灵：它炽热似火，冷酷像冰；它缠绵如美女，狠毒似恶魔；它柔软如锦缎，锋利似钢刀。它能叫人超脱旷达，才华横溢，放荡无常，忘却人世的痛苦忧愁和烦恼；它也能叫人肆行无忌，邪恶膨胀，为所欲为，干出令人咋舌的罪恶勾当……

酒，是乱世英雄桃园结义的山盟海誓，是宫廷斗争里的鸩毒工具，是枭雄会面暗藏杀机的刀光剑影，是智慧与阴谋冲撞的绝妙媒介，是才华横溢者的狂吟乱涂，是哀伤江山社稷的新亭之泪，是送人赴征的慷慨高歌，是欢庆胜利的盛开奇葩，是结俪良人的“红豆”（语出王维），是驱愁消忧的活色生香，是勾情引欲的浅斟低吟，是驱除疾病的白玉柔荑……

双凤饕餮纹扁玉勒

酒是仙液，酒是琼浆，酒是甘露。酒是忘忧物，酒是勾诗虫，酒是和合神，酒是色媒人，酒是般若汤，酒是养生主，酒是齐物论……

话说很久很久以前，有一恶人，“贪于饮食，冒于货贿，侵欲崇侈，不可盈厌，聚敛积实，不知纪极，不分孤寡，不恤穷匮，天下之民以比三凶，谓之‘饕餮’。”这里提到的“三凶”，包括“丑类恶物，顽嚚不友”的“浑敦”、“毁信废忠，崇饰恶言”的“穷奇”和“告之则顽，舍之则嚚 ”的“梼杌”。这四个家伙作恶为害的方式虽然各有不同，但却有一个共同点——来头都特别的大。据说“浑敦”为黄帝之后，穷奇为“少昊”之后，梼杌为“颛顼”之后，就“饕餮”身世差点，算不上金枝玉叶，但祖上也当过黄帝的近臣。

这四人一块闹腾，照说也够当时领导人犯愁的。有人发问了，这位领导是哪位？您可问着了，这位领导还真是个人物，单名一字，曰“尧”，但是具体作纪检司法，办案执行工作的则另有一位，也单讳一字，叫“舜”。他先开门礼贤，提拔正人君子，然后公布“四凶”罪状，幸运的是他们还罪不及死，所以判处“投诸四裔”，流放到极边荒凉之地，“是以尧崩而天下如一，同心推戴舜以为天子，以其举十六相，去四凶也”。

这段故事并非在下杜撰，而是出于儒典正经，这就是《左传·文公十八年》，太史公著《史记》也沿用了这个说法。

顺便一说，今人有以“美食家”自诩为“老饕”而洋洋自得者，殊不知晋人杜预注解这段话，是以“贪财为饕，贪食为餮”的。

殷周时代的青铜食器上常常铸刻着一个有头无身的怪物，传说这是一个贪得无厌的家伙、古代四凶之一，我们祖先把它叫作“饕餮”。

把它铸在食器上，是告诫人们切勿贪婪的意思。可能美味佳肴诱惑力太大，自从苏东坡作《老饕赋》用错了典，以讹传讹以后，后世的人竟断章取义，把它变成了吃的标志，而“老饕”也成了贪官的别称。

在生产力低下的社会里，吃大概是生活中最主要、最基本的问题，任何形式的浪费都是一种恶德，所以商纣王“酒池肉林”的高消费，使他成为周武王革命“吊民伐罪”的对象。西方人则把类似的东西叫作 Greedy gut，就是“贪吃星”。

中国人自古即强调饮酒需遵守礼仪，然而，许多东西都是仅仅写在纸上，或者欺骗麻木一下老百姓，统治者往往自己就不会严格遵守。汉唐以降，许多好酒的帝王如汉平帝刘衎、唐明皇李隆基等，从表面上讲这套东西，实际上在内宫饮酒，绝对不会受此约束的。而且三杯的数量似乎确实也少了一点，所以我们看《史记》《汉书》《东京梦华录》《武林旧事》等书，就会发现汉朝和宋朝的皇帝在举行酒宴时，正式的行酒数已经不是三杯而是九杯了（就是上述叔孙通的行法酒，也是“觞九行”才罢酒的）。至于非宴会场合，更是除了不会喝的，没人会管他什么三杯不三杯的。

史料记载，明宣宗朱瞻基鉴于官员们“沉湎终日，怠废政事”，怒而罢了一批官员，然后又亲笔写了一道《酒论》，呼吁官员要以身作则，节制饮酒。明人余继登《典故纪闻》卷九这样记载：

> 宣德时，郎官御史以酣酒相继败，宣宗乃作《酒谕》，其文曰：“天生谷麦黍稷所以养人，人以曲蘖投之为酒……《书》秬鬯二卣曰明禋，《诗》既载‘清酤

赉我，思成以享’，祀神明也。‘厥父母庆，洗腆致用酒’，以事亲也。‘岂乐饮酒’，以燕臣下也。‘酒醴唯醹，酌以大斗’，‘釃酒有衍，笾豆有践’，燕父兄及朋友故旧也。皆用之大者，酒曷可废乎？而后世耽嗜于酒，大者亡国丧身，小者败德废事，酒其可有乎？自大禹疏仪狄戒甘酒，成汤至帝乙罔敢崇饮。文王武王戒臣下曰：‘无彝酒’，曰‘德将无醉’，曰‘刚制于酒’，孔子言‘不为酒困’，又礼有一献百拜。然则酒曷为不可有哉？夫非酒无以成礼，非酒无以合欢，惟谨圣人之戒而礼之率焉，庶乎其可也。”

这大概是五千年历史上，最高统治者首次亲自撰文以警告官员们要明白自己的身份，要明白酒的正确用途，强调一定要饮而有礼。虽然讲的还是那些陈词滥调，但已公开承认酒是人们社会生活中不可缺少的东西，是不可能完全禁止的，实际上是宣告了历代禁酒的失败。所以，这篇文章再也没有了《酒诰》上那些恶狠狠的威胁词语，只能呼吁官员们一定要用圣人的教训约束自己。而这种呼吁，令人感到近乎乞求，显示了统治者的无奈。

早在西周时期，周公就总结：王朝败于酗酒，提出饮酒要限制的主张。春秋时期，孔子对饮酒有了鲜明的个人见解——“饮酒以不醉为度”，“惟酒无量，不及乱”。当时的“君子”对饮酒的态度是“酒以成礼，不继以淫，义也。”这里的“淫”是指饮酒过量。

为了引导人们崇尚酒德，古人还专门制定“酒礼”，《礼记·乐记》中说道："一献之礼，宾主百拜，终日饮酒而不得醉焉；此先王之所以备酒祸也。"说的是在烦冗的礼仪中，采取延长每喝一盅酒的时间来防止酒祸。当时饮酒之礼规定具体，能饮酒的人，可以饮；不能饮酒的人，可以不饮，绝不可以强灌，要做到不沉不湎，饮而成欢，不生是非。更有趣的是在酒席上，为防止有人不遵酒德，还采取处罚的手段，如果有谁喝醉出言不逊，或随意骂人，失态损德，就罚他上缴无角的羚羊。就连饮酒器也在警示人们节制饮酒，如用来罚酒的斗制作成人形，意在提醒酒友不要重蹈国君酗酒而亡国之后尘。酒德更牵涉到文明礼貌。古人吴彬提出酒要禁忌"华诞、连宵、苦劝、争执、避酒、恶谑、喷秽"。程洪毅在《酒警》中指出饮酒要"警骂座""警苛令""警趋附""警喧谈""警煞风景"。

为了强化酒德，周代曾专门设置一种叫"萍氏"的官职，督察提醒人们饮酒须谨慎有节制。另外，古人反对在夜间饮酒，明代人陆容在《菽园杂记》中写道："古人饮酒有节，多不至夜"。前秦苻坚的黄门侍郎赵整目睹苻坚与大臣们终日泡在酒中，就写了一首劝诫的《酒德歌》："地列酒泉，天垂酒池，杜康妙识，仪狄先知。纣丧殷邦、桀倾夏国。由此言之，前危后则。"以前人酗酒亡国之例警训苻坚，使之反省而接受这一劝谏。对一些执迷不悟的酒徒，古人习惯以形象实例规劝从酒德。元朝名相耶律楚材一天指着酒槽对酗酒无度的元太宗窝阔台说："这是铁器，都被酒腐蚀得这个样子，更何况人的五脏？"此事见于《元史·耶律楚材传》：

帝素嗜酒，日与大臣酣饮，楚材屡谏，不听，乃持酒槽铁口进曰："曲糵能腐物，铁尚如此，况五脏乎！"帝悟，语近臣曰："汝曹爱君忧国之心，岂有如吾图撒合里者耶？"赏以金帛，敕近臣日进酒三钟而止。

吾图撒合里，据说是蒙古语长髯人的意思。史载，耶律楚材身长八尺，美髯宏声。元太祖成吉思汗对他很欣赏，叫他"吾图撒合里"。耶律楚材反对的是酗酒，而非饮酒甚至醉酒。《元史》有这样一条记载：

楚材尝与诸王宴，醉卧车中，帝临平野见之，直幸其营，登车，手撼之。楚材熟睡未醒，方怒其扰己，忽开目视，始知帝至，惊起谢，帝曰："有酒独醉，不与朕同乐耶？"笑而去。楚材不及冠带，驰诣行宫，帝为置酒，极欢而罢。

其中的"帝"应为元太宗窝阔台。君臣能够如此融洽，却也难得，尽显游牧民族的坦诚朴实。

从医家的角度来说，也极力提倡酒德。战国时期名医扁鹊就说："久饮酒者溃髓、蒸筋、伤神、损寿"。元朝忽思慧《饮膳正要》文："饮酒过多，丧身之源"，明朝李时珍也说："过饮不节，杀人顷刻"。显然医学是从保健角度看待酒德的。许多医学史书中记载酒和医学的密切关系。我国最古老的医学著作《内经》就记载了"汤液醪醴论"

的专章。“醪醴”就是治病的药酒，东汉名医华佗在其《中藏经》中载有“延寿酒方”，即以黄精、苍术、天门冬、枸杞等制成补酒，用以延年益寿。医学家对酒的评价，如《养生要集》说，酒者“节其分剂而饮之，宣和百脉，消邪却冷也”。

《红楼梦》第八回《比通灵金莺微露意　探宝钗黛玉半含酸》也谈到酒的喝法与养生的关系：

> 这里薛姨妈已摆了几样细茶果来留他们吃茶。宝玉因夸前日在那府里珍大嫂子的好鹅掌鸭信。薛姨妈听了，忙也把自己糟的取了些来与他尝。宝玉笑道：“这个须得就酒才好。”薛姨妈便令人去灌了最上等的酒来。李嬷嬷便上来道：“姨太太，酒倒罢了。”宝玉央道：“妈妈，我只喝一盅。”李嬷嬷道：“不中用！当着老太太、太太，那怕你吃一坛呢。想那日我眼错不见一会，不知是那一个没调教的，只图讨你的好儿，不管别人死活，给了你一口酒吃，葬送的我挨了两日骂。姨太太不知道，他性子又可恶，吃了酒更弄性。有一日老太太高兴了，又尽着他吃，什么日子又不许他吃，何苦我白赔在里面。”薛姨妈笑道：“老货，你只放心吃你的去。我也不许他吃多了。便是老太太问，有我呢。”一面令小丫鬟：“来，让你奶奶们去，也吃杯搪搪雪气。”那李嬷嬷听如此说，只得和众人去吃些酒水。

> 这里宝玉又说："不必温暖了，我只爱吃冷的。"薛姨妈忙道："这可使不得，吃了冷酒，写字手打飐儿。"宝钗笑道："宝兄弟，亏你每日家杂学旁收的，难道就不知道酒性最热，若热吃下去，发散的就快；若冷吃下去，便凝结在内，以五脏去暖它，岂不受害？从此还不快不要吃那冷的了。"宝玉听这话有情理，便放下冷酒，命人暖来方饮。

禁酒不光是古代，现代也有；不光是中国，外国也有。俄罗斯历史上就曾多次禁酒，又多次无奈撤禁。近人梁实秋先生有一篇散文叫《饮酒》，其中写到美国的禁酒：

> 酒很难禁绝，美国一九二〇年起实施酒禁，雷厉风行，依然到处都有酒喝。当时笔者道出纽约，有一天友人邀我食于某中国餐馆，入门直趋后室，索五加皮，开怀畅饮。忽警察闯入，友人止予勿惊。这位警察徐徐就座，解手枪，锵然置于桌上，索五加皮独酌，不久即伏案酣睡。一九三三年酒禁废，直如一场儿戏。民之所好，非政令所能强制。

与有些国家经常颁布宪法，推倒重来不同，美国宪法自1776年颁布以来，都是以修正案的方式进行微调。1920年的第18条修正案规定：凡是制造、售卖乃至于运输酒精含量超过0.5%以上的饮料皆属违法。自己在家里喝酒不算犯法，但与朋友共饮或举行酒宴则属违法，最高可被罚款1000美元及监禁半年。1933年，美国国会通过第21条宪法修正案以取消禁酒之第18条修正案。确实，酒禁不得民心，真如一场儿戏啊！

酒这东西，历来被人们毁誉得最多。爱之者恨不能与其俱生，恨之者恨不得使其即死，当然，也有初饮时恨不能与其俱生，大醉后恨不得令其即死的。不算天生的禁酒主义者，究其恨的缘由，不外乎“伤身”与“误事”二途；而爱之者则必以“助兴”与“促交”为辩。这种争论持续了数千年，至今仍未见分晓。

后　记

1968年“文革”高潮期间，基于“面向基层”“接受再教育”的大学生毕业分配政策，我的父亲胡小伟去河北深山做了一名煤矿掘进工。煤矿工人收入不低，但因矿难多发，随时有生命危险，“吃阳间饭，干阴间活”的境遇让他们中有些人如梁山好汉一般“大碗喝酒，大块吃肉”。父亲就在那里学会了喝酒，某种意义上也了解到“最底层”的中国酒文化。1978年，他考取中国社会科学院研究生，研究中国古典文学。从20世纪80年代末开始，又在各电视台担任节目嘉宾和策划撰稿；此外，作为多个学术团体负责人，读万卷书，行万里路，足迹满神州。其酒友不分阶层、职业、年龄、地域、国籍和文化背景，既有故交乡亲、学友同行、普罗大众，也有文人雅士、商贾大亨、当道缙绅……可谓“座上客常满，樽中酒不空”。于是，有了2009年问世的《中国酒文化》一书。

胡小伟先生志在打通社会科学各学科界限，一向从宏观和整体上把握文化问题。提到酒文化，他常引儒家经典《礼记》的一句话：“酒食者，所以合欢也”。酒对人类的作用是世界性的，记得父亲1989年赴澳讲学，邻座几位澳国军人起初不苟言笑。于是他以飞机上的洋酒相敬，双方觥筹交错，谈笑风生，尽兴而散。胡先生还强调过，酒和礼的结合，是在传统上重要和独特的，也是在如今被忽视和遗忘的。“礼者，所以辍淫也”，意思是合乎礼仪的饮酒不会过度和成瘾。2014 年初，父亲的生命在酒龄满 45 年时戛然而止。斯人已矣，留下这本书一直未被人遗忘，历次加印，我想这是因为：无论昨天、今天还是明天，酒会一直陪伴世人，而祖先上述人生智慧和制度设计并未过时。

本书是在胡小伟先生历年为电视节目、高校和机构所做宣讲的台本基础上，结合他的其他作品相关部分熔铸而成，不足之处望读者指正。此次再版修订历时半年，核对书中近 150 处古今中外文献出处。社方对诸多细节反复推敲，精益求精。借此机会向为之付出大量精力的中国国际广播出版社编辑团队表示谢意。承蒙先父好友刘世定先生赐以长序，从社会学角度对酒文化予以阐发。还要感谢在线古籍公益图书馆“书格”（http://new.shuge.org），它所持“每个人都能自由地看到我们的文明”的观念同先父不遗余力地宣讲中国传统文化的实践非常贴合。

胡泊

岁在辛丑

谷雨于京华瞰山室

立夏于银川兰溪别院

图书在版编目（CIP）数据

中国酒文化：典藏版 / 胡小伟著. —北京：中国国际广播出版社，2020.12（2023.11重印）
（传媒艺苑文丛.第一辑）
ISBN 978-7-5078-4802-1

Ⅰ. ①中…　Ⅱ. ①胡…　Ⅲ. ①酒文化—中国　Ⅳ. ①TS971.22

中国版本图书馆CIP数据核字（2020）第255218号

中国酒文化（典藏版）

著　　者　胡小伟
出 品 人　宇　清
项目统筹　李　卉　张娟平
策划编辑　筴学婧
责任编辑　梁　媛　李　卉
校　　对　张　娜
设　　计　国广设计室

出版发行　中国国际广播出版社有限公司［010-89508207（传真）］
社　　址　北京市丰台区榴乡路88号石榴中心2号楼1701
　　　　　邮编：100079
印　　刷　环球东方（北京）印务有限公司

开　　本　710×1000　1/16
字　　数　120千字
印　　张　11.25
版　　次　2020 年 12 月 北京第一版
印　　次　2023 年 11 月 第四次印刷
定　　价　36.00 元